2

【シリーズ】

統計科学のプラクティス

小暮厚之・照井伸彦［編集］

Rによる
ベイズ統計分析

照井伸彦

［著］

朝倉書店

はじめに

本書はベイズ統計学を学ぼうとする学生や実務家に向けたテキストである．

ベイズ統計学の位置づけ――“ベイズ v.s 標本理論”――

ベイズ統計学は，18 世紀のイギリスの牧師であり同時に数学の研究者であったトーマス・ベイズ（Thomas Bayes, 1702–61）にその名前の由来をもち，事象の条件付確率から導かれる数学的命題であるベイズの定理に基づいて推論を行う統計的アプローチである．現在，大学で講義される伝統的統計学は，確率の頻度解釈に基づく標本分布論の立場からのアプローチであるのに対して，ベイズ統計学では，確率の主観的解釈に基づいている．この確率の解釈の違いから，二つのアプローチの間には推論の妥当性や結果の客観性に関して論争が行われた時期がある．

現在では，ベイズ統計学は，1990 年代以降のマルコフ連鎖モンテカルロ法による事後分布評価法の発展により，評価可能な統計モデルの範囲に制限がなくなったこと，標本理論に基づく統計学では解決できない推測問題に対して積極的に解法を与えてきたこと，などからさまざまな分野で急速に応用されてきている．この意味でベイズ統計学は“古くて新しい統計学”といえる．

情報化社会における統計学の役割

情報化社会の進展に伴い統計学の役割も変化してきた．すなわち，社会において営まれる人々のさまざまな行為が電子的に処理されるようになると，処理機器がデータ収集の窓口となり，無自覚的にも結果的にデータが大量に蓄積されるようになった．従来の統計学は，無作為標本や実験計画法の考え方に端的に現れているように，目的に従って分析をするために必要なデータを収集する際に，その後の統計処理にとって望ましいデータ収集の仕組みをあらかじめ設計し，いわば計画的（能動的）に集められたデータを受動的に分析する手段が典型的なものであった．これに対し，現在の統計データは，行為の結果の記録として受動的に蓄積することが多い．したがって，この統計処理にとって整備されない大量データを扱うモデルは，従来の整備されたデータを前提としたモデルよりも柔軟な構造をもつことが求められる．いわゆる強い仮定の下の「硬いモデル」から弱い仮定の下の「柔らかいモデル」への切り替えが必要であり，さらに大量データの下での新しい情報の抽出や知識の獲得が要請される．上記のデータ収集のあり方を含めていえば，「能動的サンプリングと受動的モデリング」から「受動的サンプリングとアクティブ（能動的）モデリング」への転換といってもよい．これらは社会生活を取り巻く統計データのイメージであるが，自然科学においてもセンサリングシステムが発達し，マイクロなデータが大量に入手できるようになり同様の発想が求められている．

これら大規模大量データの出現により，従来の集計データによる代表値の推測から非集計データの個別値の推測へ問題も高度化している．つまり，データが増えると応えるべき課題やモデリングも複雑化する．例えば，売上を価格で説明して消費者の価格反応を推測する問題の場合，従来では，各店舗の売上データを集計し，市場全体の特性値を求めてきたのに対し，現在のように POS やメンバーシップカード利用による情報の蓄積によって消費者別の購買履歴が利用できるようになると，集計した代表値でなく，異質な消費者の個別行動を理解して対応したいという新たな問題が生まれてくる．その際，全体としては大規模であっても個別では少数データである状況や欠損値が存在するなど，完備した状況を前提とできない場合が多い．その場合の対処法として，理論や経験などの知見を事前情報として取り入れながら少数データの下でも適切な推測が行えることがベイズ統計学の真骨頂であり，現代社会に急速に適用されるようになった所以である．

ベイズ統計学の二つの特徴

ベイズ統計学は，統計理論的および統計推測様式の側面で次の特徴をもっている．

まず統計理論的性質として，伝統的統計学での統計的推論の根拠がデータ数の多い状況を仮定した漸近理論による正当化であるのに対し，ベイズ統計学はこれによらない．特に複雑な統計モデルを扱う場合などで漸近理論が成り立つ状況は限定的であるのに対し，マルコフ連鎖モンテカルロ法による事後分布評価によれば，計算時間を除いて統計的推測に理論的な困難はほとんどない．

統計推測様式の側面では，ベイズ統計学は対象に対する知見を取り入れた情報更新プロセスを有しているのが特徴である．一般に，学問や対象への理解が進歩するにつれて，現象を記述する複雑なモデリングが求められる．さらに，情報化社会の進展に伴い，統計データが豊富に現れるようになると，単純な構造を仮定したモデルやそれに付随する固定した少数のパラメータにこれら大量データをつぎ込むやり方では，求められる課題に必ずしも応えられないことが多い．これに対して，ベイズ統計学は，多くのパラメータをもたせて表現力を高めた“柔らかいモデル”を設定し，対象に対して分析者がもつ知識や経験をパラメータ間の制約の形で構造化し，それにデータを投入することで新たな知識を獲得していく情報更新プロセスを自然な形で備えているのである．

本書の構成

本書の構成は以下のとおりである．

まず，第1章および第2章において，確率とベイズの定理，尤度関数，事前分布，事後分布などの基礎概念を説明し，第3章では統計モデルによるベイズ推測の枠組み，第4章では代表的な確率モデルを取り上げそのベイズ推測について解説する．第5章では特にマルコフ連鎖モンテカルロ法の理解を念頭においた事後分布評価法，第6章ではモデル選択問題を扱う．これ以降は具体的な統計モデルのベイズ推測について紹介する．第7章では線形回帰モデル（I）として従属変数および説明変数がともに数量データの場合における通常の回帰モデル，第8章は従属変数が離散変数や切断されて観測される制限従属変数の場合におけるモデルを線形回帰モデル（II）として扱う．第9章では，時系列データのモデルである動学ベイズモデルを解説する．第10章では回帰モデルを非集計のパネルデータのモデルに拡張した階層ベイズ回帰モデル，第11章ではパネルの行動データが離散選択行動である場合の階層ベイズ離散選択モデルについて説明する．本書では，標本理論による統計学の基礎知識を前提としている．

ベイズモデリングのソフトウェア

本書で説明したモデルやパッケージについてはインターネットからフリーでダウンロードできるRに基づいている．その入手やPCへのインストールなどを含めた全般的事項については，本シリーズ第1巻の小暮厚之著「Rによる統計分析入門」（朝倉書店）および関連のサイトを参照されたい．またベイズモデリングの操作性の良いパッケージとしてWinBUGSがある．本書ではこれを利用していないが，WinBUGSはRに基づいて構築されており，Rのようにプログラミングの知識なしでも計算ができる操作性の高い計算環境を提供している．

最後に，本書の作成にあたっては，テキストとしての読みやすさを確保するため，大学院の巻 寿彦君，長谷川翔平君に学生の立場から原稿を読んでもらった．朝倉書店編集部の方にもお世話になった．あらためて感謝の意を表したい．

2010年2月

照井伸彦

目　　次

1.　確率とベイズの定理 ……… 1
1.1　ベイズ統計学の歴史と背景 ……… 1
1.2　ベイズの定理 ……… 2
1.2.1　事象に関する条件付確率とベイズの定理 ……… 2
1.2.2　確率変数に関する条件付確率とベイズの定理 ……… 4

2.　尤度関数，事前分布，事後分布 ……… 5
2.1　尤度関数 ……… 5
2.2　事前分布 ……… 5
2.2.1　共役事前分布 ……… 6
2.2.2　無情報事前分布 ……… 6
2.2.3　ジェフリーズ事前分布 ……… 8
2.2.4　階層事前分布 ……… 11

3.　統計モデルとベイズ推測 ……… 13
3.1　統計モデル ……… 13
3.2　ベイズ推測 ……… 14
3.2.1　ベイズ推測の構造と特徴 ……… 14
3.2.2　点推定と統計的決定理論 ……… 15
3.2.3　区間推定 ……… 16
3.3　仮説検定 ……… 19
3.4　情報の更新：Bayesian updating ……… 20

3.5 予 測 分 布 …… 20

4. 確率モデルのベイズ推測 …… 22
4.1 離散分布のベイズ推測 …… 22
4.1.1 ベルヌーイ試行と二項分布 …… 22
4.1.2 ポアソン分布 …… 28
4.2 連続分布のベイズ推測：一変量正規分布 …… 31
4.2.1 μ の推測——σ^2 が既知の場合—— …… 32
4.2.2 σ^2 の推測——μ が既知の場合—— …… 34
4.2.3 μ, σ^2 の推測——共役事前分布と事後分布—— …… 35
4.3 多変量正規分布のベイズ推測 …… 37
4.3.1 多変量正規分布と尤度関数 …… 37
4.3.2 μ の推測——Σ 既知の場合—— …… 39
4.3.3 逆ウィシャート分布 …… 39
4.3.4 Σ の推測——μ 既知の場合—— …… 40
4.3.5 μ, Σ の推測——共役事前分布と事後分布—— …… 41

5. 事後分布の評価 …… 45
5.1 モンテカルロ法 …… 45
5.2 モンテカルロ法による積分評価——非繰返しモンテカルロ法—— 46
5.2.1 モンテカルロ積分 …… 46
5.2.2 直接法——受容/棄却法—— …… 48
5.2.3 間接法——インポータンスサンプリング—— …… 49
5.3 繰返しモンテカルロ法：マルコフ連鎖モンテカルロ …… 51
5.3.1 マルコフ連鎖の定義 …… 51
5.3.2 離散型のマルコフ連鎖 …… 52
5.3.3 連続状態空間への拡張 …… 55
5.3.4 ギッブスサンプリング …… 56
5.3.5 メトロポリス–ヘイスティングス (M–H) サンプリング …… 61
5.3.6 事後分布の MCMC 評価 …… 65

5.4　MCMC の収束判定法 …… 66
5.5　確率分布からの乱数発生法 …… 69
5.5.1　多変量正規分布 …… 69
5.5.2　逆ガンマ分布 …… 69
5.5.3　逆ウィシャート分布 …… 70

6.　モデル選択 …… 72
6.1　モデルに対する事後確率と事後オッズ …… 72
6.2　正則事前分布とベイズファクター …… 74
6.3　周 辺 尤 度 …… 75
6.4　MCMC を用いた周辺尤度の計算 …… 76
6.5　DIC …… 79
6.6　ベイズ情報量基準と周辺尤度 …… 80

7.　線形回帰モデル (I) …… 82
7.1　連続従属変数回帰モデル …… 82
7.1.1　正規線形回帰モデル …… 82
7.1.2　最小 2 乗推定値とその性質 …… 82
7.1.3　尤度関数の導出 …… 84
7.1.4　正規–逆ガンマ共役事前分布 …… 85
7.1.5　条件付共役事前分布：ギッブスサンプリング …… 87

8.　線形回帰モデル (II) …… 91
8.1　制限従属変数回帰モデル …… 91
8.2　打ち切りデータの回帰モデル …… 91
8.3　二項プロビットモデル …… 95
8.4　二項ロジットモデル …… 100
8.5　多項離散選択モデル …… 103
8.6　多項プロビットモデルのデータ拡大 …… 105
8.6.1　潜在変数のギッブスサンプリング …… 106

8.6.2　モデルの識別性 …… 107
8.7　多項ロジットモデル …… 109

9.　動学ベイズモデル …… 113
9.1　時系列データと動学モデル …… 113
9.2　モデルの構造 …… 114
9.2.1　DLM：動学線形モデル …… 114
9.2.2　DLM における推測 …… 118
9.2.3　分散が既知の場合 …… 119
9.2.4　分散が未知の場合——分散学習モデル—— …… 123
9.3　古典的時系列モデル …… 126
9.3.1　ARMA：自己回帰移動平均モデル …… 127
9.3.2　ARMA モデルの DLM 表現 …… 129

10.　パネルデータの統計モデル (I)——階層ベイズ回帰モデル—— …… 131
10.1　パネルデータの構造 …… 131
10.2　階層モデルの構造 …… 131
10.3　階層回帰モデルと異質性の推測 …… 133
10.4　階層モデルの事後分布 …… 135
10.4.1　条件付独立性と事後分布の構造 …… 135
10.4.2　事前分布の設定 …… 136
10.4.3　完全条件付事後分布 …… 137

11.　パネルデータの統計モデル (II)——階層ベイズ離散選択モデル—— 150
11.1　階層ベイズ離散選択モデルの構造 …… 150
11.2　階層ベイズ多項プロビットモデル …… 151
11.2.1　個体間モデル——異質性の事前分布—— …… 151
11.2.2　事前分布の設定 …… 152
11.2.3　完全条件付事後分布と MCMC アルゴリズム …… 153
11.2.4　識別性条件の処理 …… 155

11.3　階層ベイズ多項ロジットモデル ……………………………156

参考文献 ……………………………………………………161

索　　引 ……………………………………………………165

1 確率とベイズの定理

1.1 ベイズ統計学の歴史と背景

ベイズ統計学は，イギリスの牧師トーマス・ベイズ (Thomas Bayes,1702–61) にその名前の由来をもち，次節で定義する条件付確率から導かれる命題に基づいて推論を行う統計的推測のアプローチである．その体系的整備は 1950 年代半ば以降であり，サベッジ (Savage, 1954) によるところが大きい．

大学の授業などで講義される現在主流の統計的推測論は 1920 年代より体系的構築が始まり，推定論はフィッシャー (Fisher, 1925) によって，そして統計的検定論はネイマン–ピアソン (Neyman and Pearson, 1928) らによって整備され，確率の標本理論あるいは頻度論による統計学が発展してきた．

この確率の頻度解釈に基づく標本分布論の立場から，ベイズ統計の事前分布の利用についてその恣意性が批判され，主に統計の理論家によりさまざまな議論が行われた．その最中において，ビジネスの分野で，経営者の手腕としての経験や勘などのいわば主観的情報を積極的に意思決定に取り入れる考え方が自然に受け入れられ，特にシュレイファー (Schlaifer, 1969) の著書『意思決定の理論』では，意思決定者の事前情報をどのような形で表現すれば分析や経営努力の意思決定に使えるかという議論が行われていた．

当時の理論統計学者らは，主観確率を前提とするベイズ統計に対して，事前分布の設定に関する恣意性への批判をしたり，あらかじめ情報を与えないような客観的な事前分布の追及を求めたりして，いわばベイズ統計学者 vs. 標本理論統計学者の図式で哲学的論争が巻き起こっていた．この時代にビジネスというきわめて現実的応用分野において，主観的な事前分布を自然な形で受け入れていた事実は，分析ツールとして統計学に期待される役割に関して興味深い示唆を与えるものである．

このような理論統計の立場からの批判に対して，事前分布の特定化に観測データを利用する経験ベイズアプローチが提案され，さらに事前分布のパラメータ設定の不確実性をハイパー事前分布として表し，それを下の階層へ設定して階層構造を構成する階層ベイズ (HB : hierachical Bayes) アプローチが発展し，その有効性がさまざまな領域で実証されてきている．

これら経験ベイズ，階層ベイズを含めたベイズ統計全般に関する最近の発展については，O'Hagan(1994)，Carlin and Louis(1996)，Gelman, *et al.*(2000) などを参照されたい．

ベイズ統計の推測理論に関しては，DeGroot(1970) や Box and Tiao(1983) などがこれまでの代表的テキストであった．前者は，事後分布が事前分布と同じ分布族に還元されて，事後分布の評価が容易となる共役事前分布を包括的に展開する枠組みのテキストである．後者は，無情報的 (non-informative) な事前分布を一貫してさまざまな統計モデルへ適用してみせる立場の推論を展開した．第 5 章以降で展開するが，現在はマルコフ連鎖モンテカルロ (MCMC : Markov chain Monte Carlo) 法の発展と普及により，事後分布の評価は共役事前分布の制約から解き放たれ，さらに無情報的事前分布の追及よりも，むしろ分析対象に対する知識を積極的に事前情報として構造化しながら，モデルへ組み入れる階層ベイズモデルがさまざまな分野でその性能を発揮している．

1.2 ベイズの定理

1.2.1 事象に関する条件付確率とベイズの定理

いま，標本空間上で定義される二つの事象 A および B があり，これらに関する条件付確率を考える．ここで二つの事象は相互に独立ではなく，A，B が同時に起こる同時確率 $P(A, B)$ が定義されるものとする．このとき，事象 B が起きたときに A が起こる条件付確率 $P(A|B)$，その逆の条件付確率 $P(B|A)$ および周辺確率 $P(A)$ および $P(B)$ を用いて，同時確率は

$$P(A,B) = P(A|B)P(B) \\ = P(B|A)P(A) \tag{1.1}$$

と書かれる．ここで，周辺確率 $P(B)$ がゼロではないことを仮定すると，条件付確率から

$$P(A|B) = \frac{P(A)P(B|A)}{P(B)} \tag{1.2}$$

の関係が導かれる．この関係がベイズの定理 (Bayes theorem) といわれる．左辺の条件付事象が B であるのに対して，右辺に現れる条件付事象が A と逆転していることに注意しよう．この関係は条件付確率の性質のみを利用しており，純粋に数学的命題である．しかし，確率に解釈を与えると，以下で展開するベイズ統計での深い意味をもつ．

式 (1.2) の関係の意味を考えるために，たとえば二つの事象 A，B の間にある因果関係があり，“A が原因で B が結果である” という仮説をわれわれがもっていると想定しよう．$P(A)$ は，A を原因として規定することに対する確信の度合い (degree of belief) を確率として表しているものと解釈する．

このとき，まず式 (1.2) の左辺は，結果 B が与えられたときに原因 A となっている可能性（確率），つまり仮説の妥当性を確率として与えるものである．他方，右辺では，結果を観測しない事前の確信の度合い $P(A)$ が結果を観測したことでどのように変化するかを表している．

さらにこれを一般化して，事象 A が相互に背反な k 個の部分事象に分かれるとき，つまり $A = A_1 \cup A_2 \cup \cdots \cup A_k$, $A_i \cap A_j = \phi$ のとき，B を与えると A_i の事後確率は

$$P(A_i|B) = \frac{P(A_i)P(B|A_i)}{P(B)} = \frac{P(A_i)P(B|A_i)}{\sum_{j=1}^{k} P(A_j)P(B|A_j)} \tag{1.3}$$

と書ける．いま原因の可能性が k 種類 $A_1, ..., A_k$ あり，それぞれの確信の度合いが k 種類 $P(A_1), ..., P(A_k)$ として表されている．結果 B が得られたとき，事後確率を評価することにより，$P(A_i|B)$ は A_i が原因であった可能性を意味している．このように，確信の度合いとしての確率解釈の下で式 (1.3) の関係をみた場合に，このベイズの定理に基づいてさまざまな推論を行う立場の統計

的アプローチはベイズ統計 (Bayesian statistics) とよばれる.

ベイズの定理の例：喫煙者が肺がんになる確率

ある地域について下記のデータが得られた.

1）100 人のがん患者のうち 62 人が喫煙者であった.

2）70 人の健康な被験者のうち 21 人が喫煙者であった.

3）ある地域の肺がん罹患率は 1%である.

これらは確率の表現で，$P(\text{喫煙者} \mid \text{罹患}) = \frac{62}{100} = 0.62$,
$P(\text{喫煙者} \mid \text{非罹患}) = \frac{21}{70} = 0.30$, および $P\,(\text{罹患}) = 0.01$ と表せる.
このとき，A=罹患，B=喫煙者と考えれば，ベイズの定理から

$$\begin{aligned} & P(\text{罹患} \mid \text{喫煙者}) \\ & = \frac{P(\text{喫煙者} \mid \text{罹患})P(\text{罹患})}{P(\text{喫煙者} \mid \text{罹患})P(\text{罹患}) + P(\text{喫煙者} \mid \text{非罹患})P(\text{非罹患})} \\ & = \frac{0.62 \times 0.01}{0.62 \times 0.01 + 0.30 \times 0.99} = 0.0208 \end{aligned} \tag{1.4}$$

したがって，喫煙者が肺がんとなる確率は 2.08%であり，喫煙者 100 人中 2 人程度が肺がんになると計算できる.
さらに非喫煙者が肺がんになる確率も同様に計算できる.

1.2.2 確率変数に関する条件付確率とベイズの定理

いま式 (1.2) を二つの確率変数 x および y に関する関係として一般化しよう. A は x に関する事象であり，B は y に関する事象とすると，x，y に関する確率密度関数，条件付密度関数を用いて，事象の確率は

$$P(A) = \int_{x \in A} f(x)dx,\ \ P(B) = \int_{y \in B} f(y)dy,\ \ P(B|A) = \int_{y \in B} f(y|x)dy$$

と書かれ，これらの密度関数を用いると式 (1.2) は次のように表現できる.

$$f(x|y) = \frac{f\,(x)\,f\,(y|x)}{f\,(y)} \tag{1.5}$$

2 尤度関数，事前分布，事後分布

2.1 尤 度 関 数

確率変数 y が確率（密度）関数 $p(y|\theta)$ をもつ確率分布に従い，これに関する n 個の独立な観測値 $\mathbf{y} = (y_1, y_2, ..., y_n)'$ が得られたとき，これらの観測値に対する同時確率は

$$p(\mathbf{y}|\theta) = \prod_{i=1}^{n} p(y_i|\theta) \tag{2.1}$$

と書かれる．いまこの同時確率においてデータ $\mathbf{y}$ を固定してパラメータ θ の関数としてみたものは，**尤度関数** (likelihood function) とよばれる．標本理論に基づくパラメータの推測は，この尤度関数を最大にする値

$$\hat{\theta} = \max_{\theta} p(\mathbf{y}|\theta) \tag{2.2}$$

を利用する場合が多く，これは**最尤推定値** (maximum likelihood estimate) といわれる．

2.2 事 前 分 布

パラメータ θ に関して分析者が事前の知識をもち，これを確率分布の形で

$$\theta \sim p(\theta) \tag{2.3}$$

と表現し，これはパラメータの**事前分布** (prior distribution) とよばれる．

そのとき，(1.5) において，$x = \theta$，$y = \mathbf{y}$ とおけば，**事後分布** (posterior distribution) $p(\theta|\mathbf{y})$

$$p(\theta|\mathbf{y}) = \frac{p(\theta)p(\mathbf{y}|\theta)}{p(\mathbf{y})} \tag{2.4}$$

が得られる.

この事前分布の設定の仕方ついては，これまでさまざまな議論がなされてきた. 次ではそれらをみてゆこう.

2.2.1 共役事前分布

ある確率分布のクラスに入る事前分布を設定し，これに尤度関数を乗じて得られる事後分布が，再び同じ確率分布のクラスに含まれるときに，この事前分布は**共役事前分布** (conjugate prior distribution) とよばれ，

$$\theta \sim F(\alpha) => \theta|\mathbf{y} \sim F(\tilde{\alpha}) \tag{2.5}$$

なる関係があるものをいう. ここで $F(\alpha)$ はパラメータ α をもつ分布のクラスを意味し, 上式は, “θ”が $F(\alpha)$ に属する事前分布に従っており, $\theta \sim F(\alpha)$, データ $\mathbf{y}$ が観測された後の θ の事後分布 “$\theta|\mathbf{y}$”が別のパラメータ $\tilde{\alpha}$ をもつ $(\theta|\mathbf{y} \sim F(\tilde{\alpha}))$ 同じ確率分布のクラス $F(\tilde{\alpha})$ に含まれる関係にあることを示している.

この共役の関係は，事後分布評価を解析的に容易にするために利用する便宜的設定として理解できるが，たとえば Degroot(1970) では多くの確率モデルと統計の問題に対しこの設定で分析の枠組みを与えている.

次章では，共役事前分布を構成する代表的な確率分布のクラスを取り上げる.

2.2.2 無情報事前分布

θ に関する事前情報がない場合やデータのみに基づいて推測をしたい場合がある. この状況を反映させるよう工夫した事前分布は**無情報事前分布** (noninformative prior) とよばれる. 具体的には，θ のある値が他の値と同じ確率を与えるような設定を行う.

1) パラメータの範囲が有限の場合

たとえば，いまパラメータ空間が有限個の離散値をとる場合，つまり $\Theta = \{\theta_1, ..., \theta_m\}$ を考えよう. この場合，各 m 個の可能な値に対して等

しい確率を与える事前分布

$$p(\theta_i) = 1/m, \quad i = 1, ..., m \tag{2.6}$$

は，無情報事前分布である．また連続値である場合，つまり $\Theta = [c_1, c_2]$ の場合は，

$$p(\theta) = \frac{1}{c_2 - c_1}, \quad c_1 < \theta < c_2 \tag{2.7}$$

がこれにあたる．

2) パラメータの範囲が無限の場合

パラメータ空間が無限区間 $\Theta = (-\infty, \infty)$ である場合，無情報事前分布としては任意の定数 c に対して

$$p(\theta) = c, \quad -\infty < \theta < \infty \tag{2.8}$$

が考えられる．

しかし，全領域で積分すると $\int_{-\infty}^{\infty} p(\theta)d\theta = \infty$ となるので，確率分布の条件を満たさない．これは非正則 (improper) 事前分布とよばれる．

この場合の事後分布は

$$p(\theta|\mathbf{y}) = \frac{c \cdot p(\mathbf{y}|\theta)}{\int_{-\infty}^{\infty} c \cdot p(\mathbf{y}|\theta)d\theta} \tag{2.9}$$

となり，尤度関数をパラメータに関して積分したものが有限の値 A をもち $\int_{-\infty}^{\infty} p(\mathbf{y}|\theta)d\theta = A$ となるかぎり，

$$p(\theta|\mathbf{y}) = \frac{p(\mathbf{y}|\theta)}{A} \tag{2.10}$$

と事後分布が定義できる．この事後分布は全領域で積分して 1 となる正則 (proper) な事後分布となり，次章以降で説明する通常のベイズ推測が行える状況となる．

しかし，一般には，非正則事前分布を用いて事後分布を導出した場合，その事後分布をパラメータ空間の全領域で積分して 1 となる，つまり正則な事後分布となる保証はない．また第 6 章で説明するベイズ統計の立

場からのモデル選択基準としてのベイズファクターは，この非正則事前分布の設定では，事後分布が正則となってもこれを定義できない状況となる問題を含んでいる．

式 (2.7) および式 (2.8) の事前分布は，**一様事前分布** (uniform prior) あるいは**散漫事前分布** (diffuse prior) とよばれる．

2.2.3　ジェフリーズ事前分布

ジェフリーズ (Jeffreys, 1961) は，フィッシャー (Fisher) 情報行列 $I(\theta)$ に比例する

$$p(\theta) \propto |I(\theta)|^{1/2} \tag{2.11}$$

を定義した．ここで $I(\theta)$ は

$$\begin{aligned} I(\theta) &= -E\left(\frac{d^2}{d\theta^2}\log p(\mathbf{y}|\theta)\right) \\ &= E\left(\frac{d}{d\theta}\log p(\mathbf{y}|\theta)\right)^2 \end{aligned} \tag{2.12}$$

で定義される量である．

この事前分布は，以下の理由で導出された．いま，パラメータ θ を $\psi=\psi(\theta)$ へ変換した場合，変換前のパラメータに設定した事前分布がもつ情報が，既知の変換 $\psi(\cdot)$ をした後で変わってしまうことは合理的ではないであろう．たとえば，パラメータ θ に関して事前に情報をもたないために上述の一様事前分布を仮定した問題が，変換によって，一様分布ではなく ψ の特定の値がより確からしいことを表現しては具合が悪い．

ジェフリーズ事前分布 (Jeffreys' prior) は，パラメータの設定に関して**不変** (invariant) な事前分布であり，別の言い方では，パラメータの設定の仕方の恣意性が結果に影響を与えないような事前分布と規定できる．

パラメータ θ を $\psi=\psi(\theta)$ へ変換した場合，変数変換の公式により

$$\frac{d\log p(\mathbf{y}|\psi)}{d\psi} = \frac{d\log p(\mathbf{y}|\theta)}{d\theta}\cdot\frac{d\theta}{d\psi} \tag{2.13}$$

となることに注意すると，θ と変換後の ψ の間には

$$I(\psi) \propto I(\theta)\left(\frac{d\theta}{d\psi}\right)^2 \tag{2.14}$$

の関係がある．したがって，もしパラメータ θ に式 (2.11) の事前分布を設定すれば，変数変換の関係 (2.14) によって

$$p(\psi) \propto |I(\psi)|^{1/2} \tag{2.15}$$

となり，変換前の θ と同じ事前分布の形となることがわかる．

次に正規分布および二項分布の場合に，ジェフリーズ事前分布を具体的に求めてみよう．

例 **1**：正規分布の場合

正規分布 $N(\mu, \phi)$ からの標本 $\mathbf{y} = (y_1, y_2, ..., y_n)'$ の尤度関数は

$$\begin{aligned} p(\mathbf{y}|\mu,\phi) &= \prod_{i=1}^{n} \frac{1}{\sqrt{2\pi\phi}} \exp\left\{-\frac{(y_i-\mu)^2}{\phi}\right\} \\ &= (2\pi\phi)^{-n/2} \exp\left\{-\frac{1}{2}\sum_{i=1}^{n}\frac{(y_i-\mu)^2}{\phi}\right\} \end{aligned}$$

となることから，対数尤度関数は次のように書ける．

$$\log p(\mathbf{y}|\mu,\phi) = -\frac{n}{2}\log 2\pi - \frac{n}{2}\log\phi - \frac{1}{2}\sum_{i=1}^{n}\frac{(y_i-\mu)^2}{\phi} \tag{2.16}$$

1）平均（分散既知の場合：ϕ_0）

このとき

$$\frac{d^2}{d\mu^2}\log p(\mathbf{y}|\mu) = -n/\phi_0 \tag{2.17}$$

であるので，

$$I(\mu) = n/\phi_0 = \text{定数} \tag{2.18}$$

となり

$$p(\mu) \propto c \tag{2.19}$$

が得られる．

2）分散（平均既知の場合：μ_0）

次に平均が既知 μ_0 の場合の分散の事前分布は

$$\frac{d^2}{d\phi^2}\log p(\mathbf{y}|\phi) = \frac{n}{2}\phi^{-2} - \sum_{i=1}^{n}\frac{(y_i-\mu_0)^2}{\phi^{-3}} \tag{2.20}$$

であり，$E(y_i-\mu_0)^2=\phi$ であることから

$$I(\phi) = -\frac{n}{2}\phi^{-2} + n\phi^{-2} = \frac{n}{2}\phi^{-2} \tag{2.21}$$

となり

$$p(\phi) \propto 1/\phi \tag{2.22}$$

と求まる．

例 2：二項分布の場合

二項分布 $y \sim B(n,\pi)$ の尤度関数は

$$p(y|\pi) = {}_nC_y\pi^y(1-\pi)^{(n-y)}$$

であるので，対数尤度関数は

$$\log p(y|\pi) = \log{}_nC_y + y\log\pi + (n-y)\log(1-\pi) \tag{2.23}$$

となり，$I(\pi)$ は，まず

$$\frac{d^2}{d\pi^2}\log p(y|\pi) = -y/\pi^2 - (n-y)/(1-\pi)^2 \tag{2.24}$$

と求められ，二項分布の期待値は $E(y)=n\pi$ であるので

$$I(\pi) = n\pi/\pi^2 + (n-n\pi)/(1-\pi)^2 = n\pi^{-1}(1-\pi)^{-1} \tag{2.25}$$

となり

$$p(\phi) \propto \pi^{-\frac{1}{2}}(1-\pi)^{-\frac{1}{2}} \tag{2.26}$$

と求まる．第 4 章の図 4.1 にこの分布が描かれている．

上述の議論は複数のパラメータをもつ場合 $\theta=(\theta_1,...,\theta_k)'$ へ拡張できる．

2.2.4 階層事前分布

θ の事前分布が他のパラメータ λ に依存して $p(\theta|\lambda)$ と書かれ，さらに $p(\lambda)$ が規定されるとき，事後分布は

$$p(\theta|\mathbf{y}) \propto p(\mathbf{y}|\theta)p(\theta|\lambda)p(\lambda) \tag{2.27}$$

と書くことができる．つまり，変数 $\{\mathbf{y}, \theta, \lambda\}$ の間には

$$\begin{cases} \mathbf{y}|\theta \sim p(\mathbf{y}|\theta) & \text{：尤度関数} \\ \theta|\lambda \sim p(\theta|\lambda) & \text{：第 1 段事前分布} \\ \lambda \sim p(\lambda|\lambda_0) & \text{：第 2 段事前分布} \end{cases}$$

の関係にあり，パラメータが階層的に組み込まれていることから**階層事前分布** (hierarchical priors) とよばれる．さらに最下位の事前分布の $p(\lambda)$ のパラメータ λ_0 は**ハイパーパラメータ** (hyper-parameter) とよばれる．このハイパーパラメータは既知とされる場合が多いが，これを階層モデルのパラメータとみなし最尤法などで推定する立場もある．階層事前分布は，事前分布設定に関する恣意性を事前分布パラメータの不確実性として確率分布を階層化におく．それによって，恣意性を排除する工夫としても機能し，階層が多段階となるにつれハイパーパラメータの影響は弱くなり，既知としても大きな影響は与えない．

これを使った統計モデルは，**階層モデル** (hierarchical model) といわれ，一般化線形モデルや後述するパネルデータのモデル，線形動学モデルなどは，この事前分布の構造を積極的に利用する．

このとき，パラメータ θ，λ の同時事後分布は次のように表される．

$$\begin{aligned} p(\theta, \lambda|\mathbf{y}) &= \frac{p(\theta, \lambda, \mathbf{y})}{p(\mathbf{y})} \\ &= \frac{p(\mathbf{y}|\theta, \lambda)p(\theta, \lambda)}{p(\mathbf{y})} \\ &= \frac{p(\mathbf{y}|\theta)p(\theta|\lambda)p(\lambda)}{p(\mathbf{y})} \end{aligned} \tag{2.28}$$

したがってパラメータ θ の周辺事後分布は

$$p(\theta|\mathbf{y}) = \int p(\theta, \lambda|\mathbf{y})d\lambda$$
$$= \int \frac{p(\mathbf{y}|\theta)p(\theta|\lambda)p(\lambda)}{p(\mathbf{y})}d\lambda \tag{2.29}$$

で求められる．一般にこの積分を解析的に求めるのは難しい場合が多いが，第5章で説明するMCMCを用いると容易であることから，広範に応用されるようになった．

式 (2.27) を一般化して k 個の階層モデル

$$p(\theta|\mathbf{y}) \propto p(\mathbf{y}|\theta_1)p(\theta_1|\theta_2)p(\theta_2|\theta_3)\cdots p(\theta_k|\lambda) \tag{2.30}$$

に拡張できる．この表現から，θ_{i-1} を条件付きとした場合，θ_i はより下位の階層パラメータ $\theta_{i-2}, \theta_{i-3}, \ldots$ などとは独立となる性質をもっていることがわかる．これを条件付独立性 (conditional independence) とよび，第10，11章で説明される階層モデルのモデリングで使われる有用な性質となっている．

3 統計モデルとベイズ推測

3.1 統計モデル

統計学の基本的な枠組みでは，観測データ $\mathbf{y} = \{y_1, ..., y_n\}$ が与えられたときに，このデータを発生させた仕組みの候補集合 $S = \{f(\mathbf{y}, \theta)\}$ を仮定する．ここで，$f(\mathbf{y}, \theta)$ は観測データの確率分布であり，未知のパラメータ θ で規定される S は θ によって決まる確率分布の集合を意味し，これを統計モデル (statistical model) という．

いま，仮定する統計モデル $f(\mathbf{y}, \theta)$ のパラメータ θ に，なんらかの情報が事前に確率分布 $p(\theta)$ として与えられているとき，それを事前分布とよぶ．これを観測値 $\mathbf{y} = \{y_1, ..., y_n\}$ から計算される尤度 $p(\mathbf{y}|\theta)$ とベイズの定理で結びつけて事後分布

$$p(\theta|\mathbf{y}) = \frac{p(\theta)p(\mathbf{y}|\theta)}{p(\mathbf{y})} \tag{3.1}$$

を導出し，事後分布に基づいて統計的推測を行うのがベイズ統計の基本的な推測様式である．

$p(\theta|\mathbf{y})$ は，観測値 $\mathbf{y}$ が与えられたとき，パラメータ θ に関する事前情報とデータ情報を，それぞれ事前分布 $p(\theta)$ および尤度関数 $p(\mathbf{y}|\theta)$ の形ですべて組み込んでいる．

この事後分布は，解析的に評価できるのは稀であり，事後分布は分母の定数部分 $p(\mathbf{y})$ を除いて

$$p(\theta|\mathbf{y}) \propto p(\theta)p(\mathbf{y}|\theta) \tag{3.2}$$

として使われることが多い．

式 (3.2) の右辺を事後分布のカーネル（核，kernel）とよび，以下でも必要に応じてこれを用いる．

ベイズ統計では，あらゆる推測が事後分布によってなされる．事後分布のモードやモーメント，決定理論のリスク関数評価をはじめとするパラメータに関するほとんどの統計的推測は，パラメータの関数 $g(\theta)$ を用いて事後分布に関する期待値

$$E[g(\theta)|\mathbf{y}] = \frac{\int g(\theta)p(\mathbf{y}|\theta)p(\theta)d\theta}{p(\mathbf{y})} \tag{3.3}$$

によって表すことができる．

例外的なケースを除いて，$E[g(\theta)|\mathbf{y}]$ や積分定数 $p(\mathbf{y})$ など，$p(\theta|\mathbf{y})$ を含む積分計算のほとんどは解析的に求めることはできない．それに対して，いくつかの評価法が展開されてきた．事後分布導出に際して必然的に生じる重積分の評価に関し，1990 年代以前は解析的に解けるような枠組みにほぼ限定された使い方をされていたが，それ以降はシミュレーションベースのモンテカルロ積分の適用が急速に進み，応用範囲が拡大してきている．これらについては第 5 章で詳しく説明する．

3.2 ベイズ推測

3.2.1 ベイズ推測の構造と特徴

前述のように，データを観測する以前の未知パラメータに関する情報は事前分布の形に集約し，データ観測後はベイズの定理によって事前分布を更新して事後分布を得るのがベイズ推測の構造である．つまり情報の事前–事後変換であり，

$$\text{事後情報} = \text{事前情報} + \text{データ情報} \tag{3.4}$$

という形で一般論として整理できる．これは，対象や問題に対する分析者の知識を事前情報として表現し，それに観測データの情報を加え，両者を融合することにより情報を更新して新しい知見とする構造であり，ベイズ統計の最大の特徴を表している．特に正規分布に対する事前–事後変換は，操作上とともに解釈が容易であることから豊富なモデルを提供している．

標本理論に基づく統計学との比較では，標本理論は漸近理論が中心的役割を果たし，主にモデルのパラメータ推定が中心であるのに対して，ベイズ統計は漸近理論によらずに，分布全体を推測の対象とする．

さらに，統計モデルの目的の一つである予測において，標本理論では推定と予測に論理的な溝があるのに対して，ベイズ統計では標本を与件として，パラメータと予測値を論理的に区別しないのも特徴の一つである．

3.2.2 点推定と統計的決定理論

ベイズ推測は，事後分布 $p(\theta|\mathbf{y})$ に基づいて行われ，パラメータ θ の点推定 $\hat{\theta}(\mathbf{y})$ は，この事後分布のもつ情報を一つの値 $\hat{\theta}(\mathbf{y})$ に要約して行われる．その際，パラメータの値を決める意思決定問題として捉え，ありうる決定の誤り方に関して損失関数 $L(\theta,\hat{\theta}(\mathbf{y}))$ を定義し，リスクとよばれる期待損失 $E[L(\theta,\hat{\theta}(\mathbf{y}))|\mathbf{y}]$ を最小にするように点推定値が決定される．

つまりベイズ推定値は

$$E\big[L\big(\theta,\hat{\theta}(\mathbf{y})\big)|\mathbf{y}\big]=\int_{-\infty}^{\infty}L(\theta,\hat{\theta}(\mathbf{y}))p(\theta|\mathbf{y})d\theta \tag{3.5}$$

を最小にする決定関数 $\hat{\theta}(\mathbf{y})$ である．

具体的には，統計的決定理論は，未知パラメータ θ の推定量を $\hat{\theta}(\mathbf{y})$ としたとき，推定の誤りの大きさとこれに伴う損失の関係を損失関数として，たとえば，

$$L_d\big(\theta,\hat{\theta}(\mathbf{y})\big)=|\theta-\hat{\theta}(\mathbf{y})|^d \tag{3.6}$$

と表現する．典型的には 2 乗の損失関数 (d=2) や絶対値の損失関数 (d=1) が設定される．さらにこの損失関数の事後分布に関する期待値でリスク

$$R_d^{\hat{\theta}}=E\big[L_d\big(\theta,\hat{\theta}(\mathbf{y})\big)|\mathbf{y}\big]=\int L_d\big(\theta,\hat{\theta}(\mathbf{y})\big)p\,(\theta|\mathbf{y})\,d\theta \tag{3.7}$$

を定義する．統計的決定理論としてのベイズ推定は，問題に対してあらかじめこの損失関数を定め，リスクを最小，$\min_{\hat{\theta}^*}R_d^{\hat{\theta}}$ にするように $\hat{\theta}^*$ を決定する．

ベイズ推定値：2 乗の損失関数

2 乗の損失関数 (d=2) の場合は事後分布の期待値がベイズ推定値となる.

$$\hat{\theta}^* = E\left[\theta|\mathbf{y}\right] \tag{3.8}$$

証明：いま事後平均 $E\left[\theta|\mathbf{y}\right] = \mu$ とし，リスクは次のように展開される.

$$\begin{aligned} E\left[\left(\theta - \hat{\theta}(\mathbf{y})\right)^2|\mathbf{y}\right] &= E\left[\left(\theta - \mu + \mu - \hat{\theta}(\mathbf{y})\right)^2|\mathbf{y}\right] \\ &= E\left[(\theta-\mu)^2 + 2(\theta-\mu)(\mu-\hat{\theta}(\mathbf{y})) + (\mu-\hat{\theta}(\mathbf{y}))^2|\mathbf{y}\right] \\ &= E\left[(\theta-\mu)^2|\mathbf{y}\right] + 2(\mu-\hat{\theta}(\mathbf{y}))E(\theta-\mu) + (\mu-\hat{\theta}(\mathbf{y}))^2 \\ &= \mathrm{Var}(\theta|\mathbf{y}) + (\mu-\hat{\theta}(\mathbf{y}))^2 \end{aligned} \tag{3.9}$$

■

ここで $E(\theta-\mu)=0$ の性質を利用しており，これはリスクが事後分散 $\mathrm{Var}(\theta|\mathbf{y})$ と非負の $(\mu-\hat{\theta}(\mathbf{y}))^2$（バイアスの 2 乗）の和で表されることがわかる．したがって，非負のバイアス項をゼロとする値 $\mu-\hat{\theta}=0$，つまり $\hat{\theta}=E\left[\theta|\mathbf{y}\right]$ がベイズ推定値となる.

また，絶対値の損失関数 (d=1) の場合は，事後分布のメディアン (median)

$$\hat{\theta}^* = \theta_{\mathrm{median}} : \int_{\theta_{\mathrm{median}}}^{\infty} p(\theta|\mathbf{y})d\theta = \int_{-\infty}^{\theta_{\mathrm{median}}} p(\theta|\mathbf{y})d\theta = \frac{1}{2} \tag{3.10}$$

がベイズ推定値となる (たとえば DeGroot, 1970, p.232 に証明がある)．また，0–1 の損失関数の場合は，事後分布のモード（最高値，mode）

$$\hat{\theta}^* = \theta_{\mathrm{mode}} = \max_{\theta} p(\theta|\mathbf{y}) \tag{3.11}$$

がベイズ推定値となる

さらにベイズ推定に関しては，“ベイズ推定値 $\hat{\theta}^*$ に伴うリスクは，これを下回るリスクをもつ他の推定量は存在しない（許容性 (admissibility)）”という望ましい性質をもっている.

3.2.3 区間推定

標本理論におけるパラメータの信頼区間に対応するベイズ推測は，信用区間 (credible interval) とよばれる．信頼係数 $(1-\alpha)\%$ の信用区間 C は一般的に，

$$\int_C p(\theta|\mathbf{y})d\theta = 1 - \alpha \tag{3.12}$$

となる区間 $C = \{\theta \in \Theta\}$ を意味し，1 次元である場合

$$\Pr(c_1(\mathbf{y}) < \theta < c_2(\mathbf{y})|\mathbf{y}) = 1 - \alpha \tag{3.13}$$

と書かれる．

具体的な区間の決め方は，$(1-\alpha)$%高確率密度領域 (HPD: highest probability density) とよばれる方法が一般的である．これは，事後分布の密度の高い領域から確率が $1-\alpha$% になるまで順次，信用区間へ組み込んでいく．つまり $k(\alpha)$ 信頼係数に応じて決まる定数として，

$$C = \{\theta \in \Theta : \ p(\theta|\mathbf{y}) \geq k(\alpha)\} \tag{3.14}$$

で表される．通常，事後分布の確率の高い方から順次 C に組み入れていき，その区間によって定義される事後確率が $1-\alpha$ となるまで $k(\alpha)$ の値を小さくしてゆく．

たとえば，図 3.1 では，まず事後分布の中央部の確率の高い領域から，(1) の水平線が交わる 2 点から下ろした垂線によって決まる点 $c_1(\mathbf{y})^{(1)}$ および $c_2(\mathbf{y})^{(1)}$

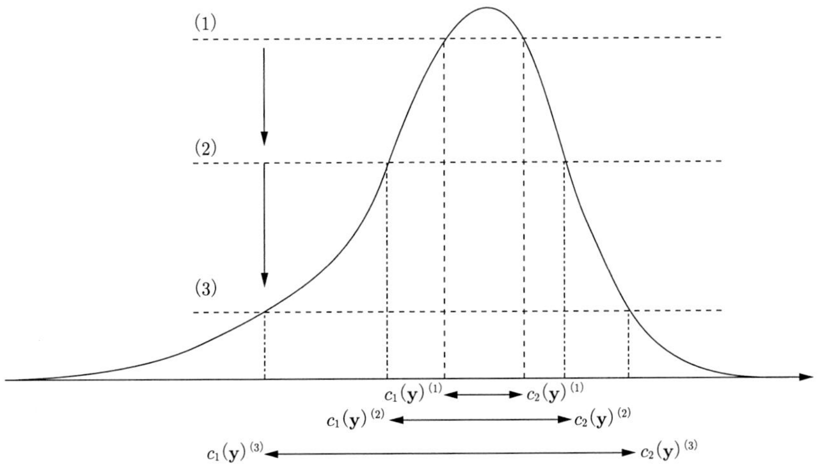

図 **3.1** HPD 領域の構成法

と事後分布の曲線で囲まれた部分の面積（確率）を評価し，これが $1-\alpha$ に満たない場合は，さらに確率の低い領域を (2) の水平線で決まる 2 点から決め，$c_1(\mathbf{y})^{(2)}$ および $c_2(\mathbf{y})^{(2)}$ と曲線で囲まれた部分の確率，さらには確率の低い領域とこの面積が求める $1-\alpha$ になる (3) まで下げてゆき，これにより決まる区間 $[c_1(\mathbf{y})^{(3)}, c_2(\mathbf{y})^{(3)}]$ が求める HPD 領域を構成する．

図 3.2 では事後分布が描かれており，二つの山をもつ非対称分布である．この場合，HPD 領域は確率の高い領域から分布の面積で表される確率が $(1-\alpha)\%$ になるまで順次区間として組み入れていくため，R1 と R2 という不連続な区間を構成することになる．

標本理論による統計学の推測理論では，点推定および区間推定という考え方がある．点推定とはパラメータの値を一つ決めるもので，ベイズ推定では式 (3.8) あるいは式 (3.10)，(3.11) がこれに対応する．その際，パラメータの決め方は，典型的にはモデルの尤度を最大化するように決める．

標本理論による区間推定は，たとえば $\Pr\{a < \theta < b\} = 95\%$ となるような区間 $[a, b]$ を見つける問題であり，標本理論では a，b それぞれが標本の関数 $a(\mathbf{y})$，$b(\mathbf{y})$ であり，区間 $[a(\mathbf{y}), b(\mathbf{y})]$ が標本変動し，たとえば 100 回の繰返し観測の下では 95 回は真のパラメータを区間が含んでいると理解する．繰返し標本は仮想的で実際に観測されるデータは 1 回であることが多いことから，信頼区間は推測の精度を示しているものと理解できる．

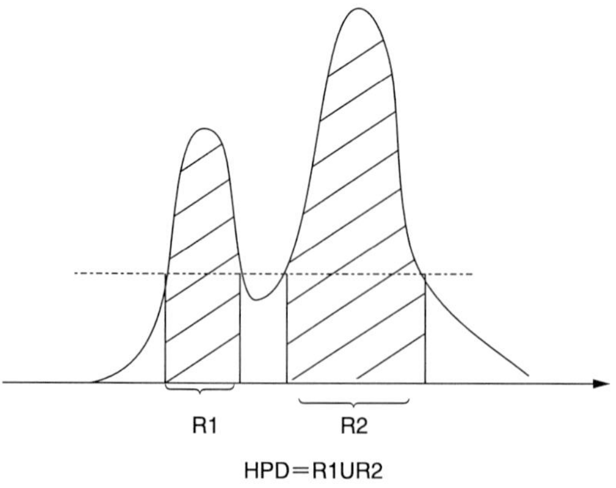

図 3.2　HPD 領域の特徴

これに対して，ベイズ推測における信用区間は，文字どおり，パラメータ θ が C に含まれる確率は 95% であることを意味している．

漸近理論に基づく区間推定は，正規分布に代表される左右対称な確率分布を基礎とすることから，ほとんどの場合左右対称な区間を構成する．これに対して，ベイズ推測では，有限の標本数の下では図 3.2 のようにさまざまな形をした事後分布が現れるが，このような場合の区間推測に際しても首尾一貫してこれを構成できることもベイズ推測の特徴である．

3.3 仮 説 検 定

最も簡単な仮説検定の問題を考えよう．仮説検定は対立するパラメータの値に関する二つの仮説，たとえば，$\theta = \theta_0$ か $\theta = \theta_1$ か，のいずれかを選択する問題と定式化できる．ベイズ統計の推測はすべて事後分布に基づいて行われるので，仮説検定は二つの仮説によって表されるパラメータの値が，事後分布からみてどれくらい発生するかを比較して行われる．

いま次の仮説検定問題を考えよう．

$$H_0 : \theta \in \omega_0 \quad \text{vs.} \quad H_1 : \omega_1 \tag{3.15}$$

ここで $\omega_0 \cup \omega_1 = \Omega$ でかつ $\omega_0 \cap \omega_1 = \emptyset$ となるものである．最も単純なベイズ統計による仮説検定は，事前分布 $p(\theta)$ と尤度関数 $p(\mathbf{y}|\theta)$ によって合成されるパラメータ θ の事後分布 $p(\theta|\mathbf{y})$ を用いて，各仮説のパラメータの値に関する事後確率を比較し，これの高い仮説を受容する手続きである．つまり，

$$\Pr\{\theta \in \omega_0|\mathbf{y}\} \geq \Pr\{\theta \in \omega_1|\mathbf{y}\} \tag{3.16}$$

のとき，仮説 H_0 を受容する．これらの事後確率は事後分布に関する積分

$$\int_{\omega_i} p(\theta|\mathbf{y})d\theta, \quad i = 0, 1 \tag{3.17}$$

の評価が必要となる．これは解析的に求められる場合もあるが，一般には，第 5 章で説明するマルコフ連鎖モンテカルロ法により数値的に求めることができる．

3.4 情報の更新：Bayesian updating

パラメータ θ に対して，y_1 を最初に観測されたデータ，y_2 をその次に観測されたデータとする．そのとき，全データ (y_1, y_2) を所与とした場合の θ の事後分布を導出したい．

そのとき，(y_1, y_2) に関する同時分布は条件付分布と周辺分布の関係を使うと次が成り立つ．

事後分布の逐次的更新

$$
\begin{aligned}
p(\theta|y_1, y_2) &\propto p(y_1, y_2|\theta)p(\theta) \\
&= p(y_2|y_1, \theta)p(y_1|\theta)p(\theta) \\
&\propto p(y_2|y_1, \theta)p(\theta|y_1) \qquad (3.18)
\end{aligned}
$$

つまり，逐次的にデータが観測される場合，ベイズ推測では，古いデータ y_1 に基づく事後分布 $p(\theta|y_1)$ は，新しいデータ y_2 に対する事前分布として機能し，それが尤度 $p(y_2|y_1, \theta)$ と結びついて，事後分布の更新が行われる．もし，y_1 と y_2 が独立に観測されれば，式 (3.18) は

$$
p(\theta|y_1, y_2) \propto p(y_2|\theta)p(\theta|y_1)
$$

となる．これは，データが新しく入るごとに，パラメータ θ に関する分布（知識）が更新される仕組みを表しており，この学習プロセスをベイズモデルが有していることを簡潔に表している．

3.5 予測分布

統計モデリングにおいては，パラメータ θ の推測だけに注目することは誤った結論に導くことになることが永年の間議論されてきた（たとえば，Akaike, 1974; 赤池ら，2007 を参照）．その際，いま検討しているモデルが将来どのような振舞いをするか，すなわち，モデルの予測能力を評価することが重要とな

る．ベイズ統計では将来の予測値に対する分布を定義してこれを評価する．それを予測分布 (predictive distribution) とよぶ．

いま T 時点において，y の 1 期先の予測値 y_{T+1} の予測分布は次で与えられる．

$$
\begin{aligned}
p(y_{T+1}|\mathbf{y}) &= \int p(y_{T+1}, \theta|\mathbf{y})d\theta \\
&= \int p(y_{T+1}|\theta, \mathbf{y})p(\theta|\mathbf{y})d\theta \\
&= \int p(y_{T+1}|\theta)p(\theta|\mathbf{y})d\theta \qquad (3.19)
\end{aligned}
$$

ここで第 2 式から第 3 式へは，観測値 $(y_1, ..., y_T)'$ が互いに独立な場合，予測値 y_{T+1} は，それ以前の観測値から独立となる性質（条件付独立性）を利用している．

この予測分布は，尤度と事前分布が与えられたとき，将来どのような値がどのような確率で発生するかを分析者に提供する．

3.3 節と同様，この積分評価は解析的にも求まる場合もあるが，MCMC 法によれば一般的に評価できる．

4 確率モデルのベイズ推測

4.1 離散分布のベイズ推測

4.1.1 ベルヌーイ試行と二項分布

試行の結果が成功か失敗かのいずれかであり，成功の確率が θ であるような試行は，ベルヌーイ試行 (Bernoulli trial) とよばれる．たとえば，硬貨を投げて表が出る $(Y=1)$ か裏が出る $(Y=0)$ かの試行は，$\theta=0.5$ のベルヌーイ試行である．ベルヌーイ試行の確率関数は

$$p(Y|\theta)=\theta^{Y}(1-\theta)^{1-Y} \tag{4.1}$$

で与えられ，これをベルヌーイ分布 (Bernoulli distribution) とよぶ．いま n 回の独立なベルヌーイ試行 $Y_1,...,Y_n$ の結果をまとめて $\mathbf{y}=(y_1,...,y_n)'$ としたとき，これらの同時確率は

$$\begin{aligned} p(y_1,...,y_n|\theta) &= \theta^{y_1}(1-\theta)^{1-y_1}\cdots\theta^{y_n}(1-\theta)^{1-y_n} \\ &= \prod_{i=1}^{n}\theta^{y_i}(1-\theta)^{1-y_i} \\ &= \theta^{\Sigma_{i=1}^{n}y_i}(1-\theta)^{n-\Sigma_{i=1}^{n}y_i} \end{aligned} \tag{4.2}$$

で与えられる．この同時確率をパラメータの関数としてみたものが尤度関数 $p(\mathbf{y}|\theta)$ である．

いまパラメータ θ に対する事前分布 $p(\theta)$ として，ベータ分布 $B(a,b)$

$$p(\theta)=\frac{\Gamma(a+b)}{\Gamma(a)\Gamma(b)}\theta^{a-1}(1-\theta)^{b-1},\quad a,b>0 \tag{4.3}$$

を設定する．ベータ分布は平均

$$E(\theta) = \int_0^1 \theta p(\theta) d\theta = \frac{a}{a+b} \tag{4.4}$$

分散

$$\mathrm{Var}(\theta) = \int_0^1 \theta^2 p(\theta) d\theta - E(\theta)^2 = \frac{ab}{(a+b)^2(a+b+1)} \tag{4.5}$$

をもち，パラメータ (a,b) の値に応じてさまざまな形状をとる．

図 4.1 はさまざまな (a,b) に対するベータ分布を描いたものである．

$a=b=10$ のように左右対称な正規分布に近い形をしている場合や $a=b=0.5$ のように U 字型の分布の場合もある．また $a=10\,;b=3$ あるいは $a=30\,;b=3$ のように左に歪んだ形をする場合や $a=3\,;b=30$ あるいは $a=3\,;b=10$ の

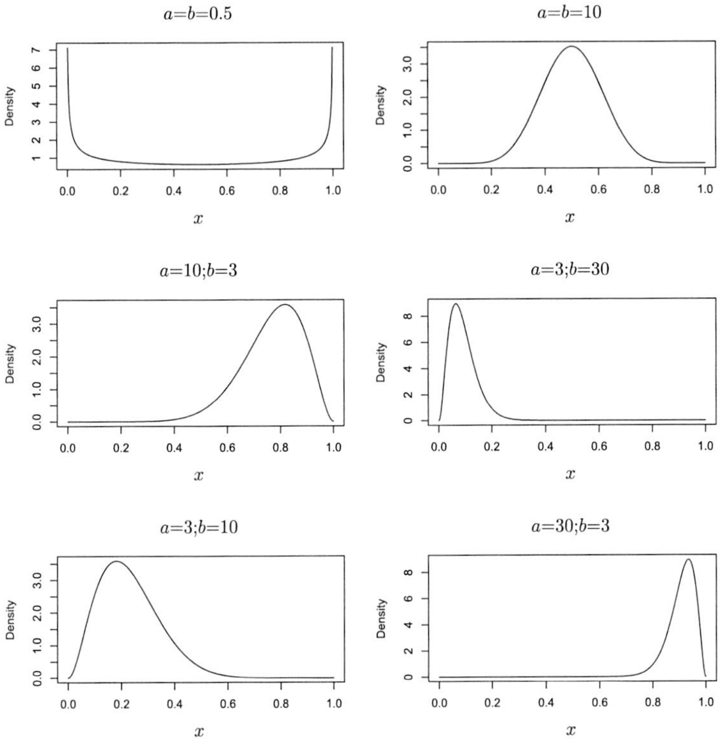

図 **4.1**　さまざまなベータ分布

ように右に歪んだ形をする場合もあり，θ に関するさまざまな不確実性がこの分布で表現できることがわかる．

このとき事後分布は

$$
\begin{aligned}
p(\theta|\mathbf{y}) &\propto p(\theta)p(\mathbf{y}|\theta)\\
&\propto \theta^{a-1}(1-\theta)^{b-1}\theta^{\Sigma_{i=1}^n y_i}(1-\theta)^{n-\Sigma_{i=1}^n y_i}\\
&\propto \theta^{(a+\Sigma_{i=1}^n y_i)-1}(1-\theta)^{(b+n-\Sigma_{i=1}^n y_i)-1}\\
&\propto \theta^{a'-1}(1-\theta)^{b'-1} \qquad (4.6)
\end{aligned}
$$

と展開できる．ここで $a' = a + \sum_{i=1}^n y_i$，$b' = b + n - \sum_{i=1}^n y_i$ である．つまり式 (4.6) から，事後分布は事前分布と同じ分布族のベータ分布となる．

ベルヌーイ–ベータ分布の事後分布

$$\theta|\mathbf{y} \sim B\left(a + \sum_{i=1}^n y_i, b + n - \sum_{i=1}^n y_i\right) \qquad (4.7)$$

図 4.2 は，事前分布 $B(10,3)$ に対して，$n = 47$ 回の試行中，$\sum y_i = 21$ 回成功した場合の尤度関数および事後分布を次の R のプログラムで描いている．

R による分布描画

```
> p=seq(0,1,length=500)
> a=10
> b=3
> s=21
> ns=26
> prior=dbeta(p,a,b)
> like=dbeta(p,s,ns)
> post=dbeta(p,a+s,b+ns)
> Names<-c("prior", "likelihood", "posterior")
> plot(p,like,ylim=range(post),type="l",main="prior,
  + likelihood, and posterior", xlab="x",ylab="Density",
```

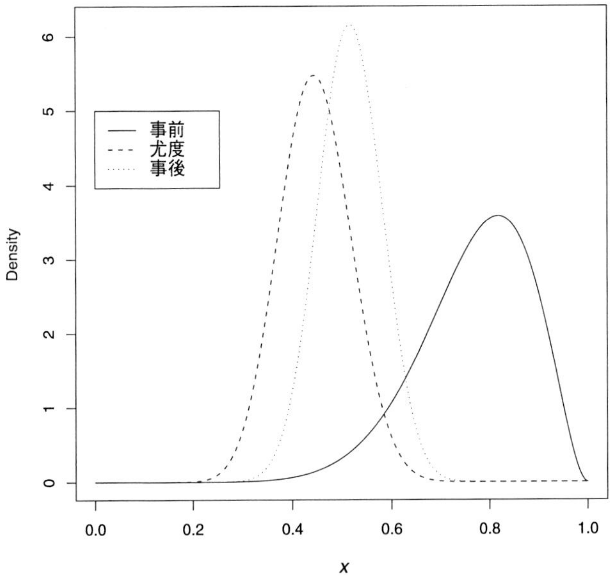

図 **4.2** 事後ベータ分布

```
  + lty=2,lwd=1)
> lines(p,prior,type="l",lty=1,lwd=1)
> lines(p,post,type="l",lty=3,lwd=1)
> legend(0,5,Names,col=1,lty=1:3)
```

そこでは事前分布が尤度関数の情報によって更新され，両者を融合した形の事後分布が得られていることがわかる．

この例のように，設定した事前分布が事後分布と同じ分布のクラス（分布族）となる関係は共役 (conjugate) といわれ，事前分布は $p(\theta)$ は共役事前分布 (conjugate prior distribution) とよばれる．

このとき事後分布の期待値（平均）は

$$E(\theta|\mathbf{y}) = \frac{a'}{a'+b'} = \frac{a+\sum y_i}{a+b+n} \tag{4.8}$$

と評価される．いま，この事後分布の期待値は

$$E(\theta|\mathbf{y}) = wE(\theta) + (1-w)\bar{y} \tag{4.9}$$

と書ける．ここで $w=\frac{a+b}{a+b+n}$，$\bar{y}=\left(\sum_{i=1}^{n} y_i\right)/n$ である．つまり式 (4.9) は，事後分布の平均が事前分布の平均 $E(\theta)$ とデータの平均 $\bar{y}$ の加重平均で定義されることがわかる．このウェイト w は，n と $(a+b)$ から構成される．前者を観測値の実際のデータ数とすれば，後者の $(a+b)$ は事前情報としてもつ仮想のデータ数 (imaginary number of data) と解釈できる．

事後分布から導出される事後平均は，これらの 2 種類のデータ数で重みで事前平均 $E(\theta)$ とデータの平均 $\bar{y}$ を加重して平均をとっていることがわかる．これは 3.4 節で説明したベイズ推測の情報更新の仕組みの式 (3.18) に対応している．

いま，n 回の独立なベルヌーイ試行 $Y_1, ..., Y_n$ を行って Z 回成功する事象は，$Z=Y_1+Y_2+\cdots+Y_n$ であり，Z の分布は**二項分布** (binomial distribution) とよばれ，$Z\sim B(n,\theta)$ と書く．

n 回の試行中，最初の z 回が連続して成功 $(y_1=y_2=\cdots=y_z=1)$ し，残りの試行がすべて失敗 $(y_{z+1}=y_{z+2}=\cdots=y_n=0)$ である場合を考えると，その同時確率は

$$
\begin{aligned}
p(y_1, ..., y_n|\theta) &= \{\theta\cdots\theta\}\{(1-\theta)\cdots(1-\theta)\} \\
&= \theta^z(1-\theta)^{n-z} \qquad (4.10)
\end{aligned}
$$

となる．この同時確率は，成功事象の番号が変わっても同じであり，成功事象の番号はこれ以外にも ${}_nC_Z$ 通りの組合せの数だけあるので，その確率関数は

$$
p(Z|\theta) = {}_nC_Z \times \theta^Z(1-\theta)^{n-Z} \qquad (4.11)
$$

で与えられる．いま Z が $z=\sum_{i=1}^{n} y_i$ と観測されたとき，その尤度関数は，

$$
\begin{aligned}
p(z|\theta,n) &= {}_nC_z\theta^z(1-\theta)^{n-z} \\
&\propto \theta^z(1-\theta)^{n-z} \qquad (4.12)
\end{aligned}
$$

であり，組合せの数 ${}_nC_z$ は尤度に影響を与えないことがわかる．また $z=\sum_{i=1}^{n} y_i$ であることから，ベルヌーイ試行の尤度である式 (4.2) と同じであり，したがって，式 (4.3) の事前分布の下では，二項分布の事後分布は式 (4.7)

と同じとなる.

負の二項分布

二項分布は，n 回の試行で Z 回成功する事象の確率分布であったのに対し，今度は，z 回成功するために必要な試行回数 N の確率分布を考える．最後の z 回目の成功のときに試行は停止されるので，$N-1$ 回の試行中 $z-1$ 回の成功番号の場所の組合せを考えればよく，その確率関数は「$N-1$ 回の試行中 $z-1$ 回成功する確率」×「N 回目に成功する確率」，つまり

$$\begin{aligned} p(N|\theta, z) &= {}_{N-1}C_{z-1} \times \theta^{z-1}(1-\theta)^{N-z} \times \theta \\ &= {}_{N-1}C_{z-1} \times \theta^{z}(1-\theta)^{N-z} \end{aligned} \tag{4.13}$$

で与えられる．これは**負の二項分布** (negative binomial distribution) とよばれる．二項分布において試行回数 n が所与で，成功回数 Z が確率変数であるのに対し，負の二項分布は，逆の関係で，成功回数 z が所与で試行回数 N が確率変数である場合の確率分布である.

尤度と尤度原理

尤度 (likelihood) は，同時確率関数 $p(\theta, n, z)$ において，n，z を所与として，θ のみの関数としたものである．**尤度原理** (likelihood principle) は，問題にしているパラメータについて，もしも同じ尤度が成立しているならば，そのパラメータについての統計的推測は同じでなければならないという原理である.

上記の二つの事象は同じ尤度をもち，同一の事前分布の下では，同じ事後分布をもつことがわかり，このベイズ推測は，この尤度原理を満たしてしていることがわかる.

他方，標本理論的アプローチは尤度原理を満たさない．実際，二項分布では推定値

$$\hat{\theta} = \frac{z}{n} \tag{4.14}$$

が $E(\hat{\theta}) = \theta$ という不偏性を有しているのに対し，負の二項分布では，

$$\hat{\theta}^* = \frac{z-1}{n-1} \tag{4.15}$$

が不偏推定値 $E(\hat{\theta}^*) = \theta$ となる．したがって，不偏性という基準で推定を考えた場合は，両者は異なった推定値を与えることになる.

4.1.2 ポアソン分布

非負の整数値 $0,1,2,\ldots$ をとるカウントデータ $y \in \{0,1,2,\ldots\}$ に対する確率モデルであるポアソン分布 (Poisson distribution) を考えよう．パラメータ λ のポアソン分布は，確率関数

$$p(Y|\lambda) = \frac{e^{-\lambda}\lambda^{Y}}{Y!}, \quad \lambda > 0 \tag{4.16}$$

をもち，$Y \sim Poisson(\lambda)$ と表記する．

確率変数 Y に関する n 個の独立な観測値を $\mathbf{y} = (y_1, \ldots, y_n)'$ としたとき，その尤度関数は，

$$p(\mathbf{y}|\lambda) = \prod_{i=1}^{n} \frac{e^{-\lambda}\lambda^{y_i}}{y_i!} = \frac{e^{-n\lambda}\lambda^{\Sigma_{i=1}^{n} y_i}}{\prod_{i=1}^{n} y_i!} \tag{4.17}$$

で与えられる．λ に対する事前分布として，確率関数

$$p(\lambda) = \frac{b^a}{\Gamma(a)}\lambda^{a-1}e^{-b\lambda} \tag{4.18}$$

をもつパラメータ (a,b) のガンマ分布 (gamma diribution) 設定する．これを $\lambda \sim G(a,b)$ と表記する．このガンマ分布の平均と分散は

$$E(\lambda) = \frac{a}{b}, \quad \mathrm{Var}(\lambda) = \frac{a}{b^2} \tag{4.19}$$

で与えられる．

図 4.3 はさまざまな (a,b) に対するガンマ分布 $G(a,b)$ を描いたものである．a，b がともに小さいとき，ゼロに近い領域に確率ウェイトをもち，b が一定のとき a が大きくなるにつれて，分布の山が右へ移動してゆくのがわかる．

このガンマ分布を事前分布としたとき，事後分布は

$$\begin{aligned} p(\lambda|\mathbf{y}) \propto p(\lambda)p(\mathbf{y}|\lambda) &= \frac{b^a}{\Gamma(a)}\lambda^{a-1}e^{-b\lambda} \times \frac{e^{-n\lambda}\lambda^{\Sigma_{i=1}^{n} y_i}}{\prod_{i=1}^{n} y_i!} \\ &\propto \lambda^{n\bar{y}+a-1}e^{-(b+n)\lambda} \end{aligned} \tag{4.20}$$

と計算される．これはパラメータ $(n\bar{y}+a, b+n)$ のガンマ分布の形をしている．

ポアソン–ガンマ分布の事後分布

$$\lambda|\mathbf{y} \sim G(n\bar{y}+a, b+n) \tag{4.21}$$

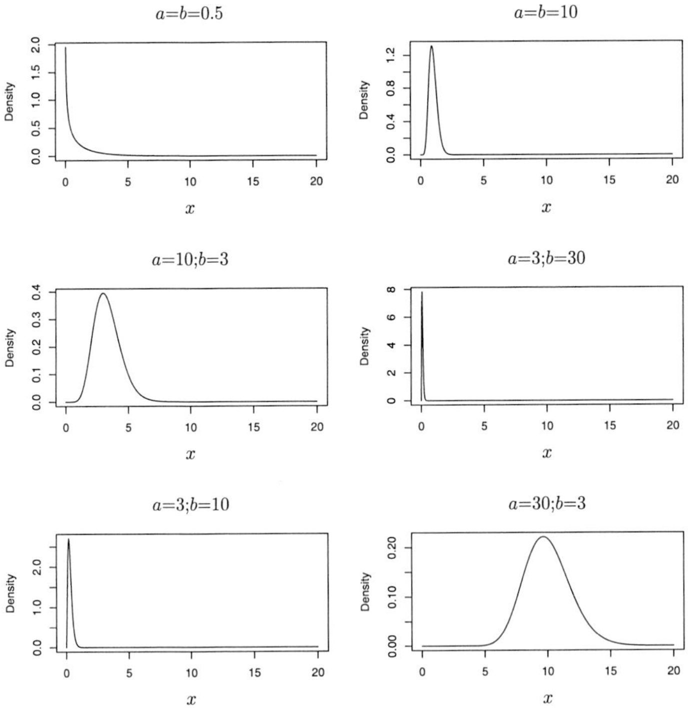

図 **4.3** さまざまなガンマ分布

その期待値と分散はそれぞれ次で評価できる.

$$
\begin{aligned}
E(\lambda|\mathbf{y}) = \frac{a+n\bar{y}}{b+n} &= \left(\frac{b}{b+n}\right)\left(\frac{a}{b}\right) + \left(\frac{n}{b+n}\right)\bar{y} \\
&= wE(\lambda) + (1-w)\bar{y}
\end{aligned} \tag{4.22}
$$

$$
\begin{aligned}
\mathrm{Var}(\lambda|\mathbf{y}) = \frac{a+n\bar{y}}{(b+n)^2} &= \frac{b^2}{(b+n)^2}\left(\frac{a}{b^2}\right) + \frac{n^2}{(b+n)^2}\left(\frac{\bar{y}}{n}\right) \\
&= w^2\mathrm{Var}(\lambda) + (1-w)^2\left(\frac{\bar{y}}{n}\right)
\end{aligned} \tag{4.23}
$$

ここで $w = \frac{b}{b+n}$ で定義される.

これらの表現から, 事後分布の平均は, ベルヌーイ分布の場合と同様に, 事前分布の平均 $E(\lambda)$ とデータの平均 $\bar{y}$ の加重平均として表現されることがわかる. その場合, 4.1.1 項のベータ分布と同様に, b は事前にもつ仮想のデータ数とみることができる．また一般に b がゼロに近づくにつれて w はゼロに近づき，事後分布の平均は，標本平均 $\bar{y}$ に近づくことがわかる．

次は事前分布 $G(4, 0.5)$ に対して，$n = 10$，$\sum y_i = 35$ の観測値を得た場合の事後分布および事前分布を R のプログラムで描いている．

R の関数による分布描画

```
>theta=seq(0,90,length.out=91)
>a=4
>b=0.5
>x=35
>n=10
>prior=dgamma(theta,shape=a,scale=b)
>post=dgamma(theta,shape=x+a,scale=1/(b+n))
>Names<-c("prior", "posterior")
>plot(theta,prior,ylim=range(post),type="l",
+ main="Poisson-Gamma: prior and posterior",
+ xlab="x",ylab="Density",lty=3,lwd=1)
>lines(theta,post,type="l",lty=1,lwd=1)
>legend(7,0.6,Names,col=1,lty=3:1)
```

そこでは解析的にわかる事後分布としてのガンマ分布 $G(35 + 4, 0.5 + 10)$ の曲線を R の関数 dgamma で描いている．R でのガンマ関数は $G(a, 1/b)$ で定義していることに注意する．

また図 4.4 では，同じガンマ分布の乱数を R の関数 rgamma で 5000 個発生させて，そのヒストグラムを重ねて描いている．

乱数サンプリングによる分布評価

```
>postdraw=rgamma(5000,shape=x+a, scale=1/(b+n))
>r=hist(postdraw, freq=F, breaks=20, plot=F)
>lines(r,lty=3,freq=F,col="gray95")
```

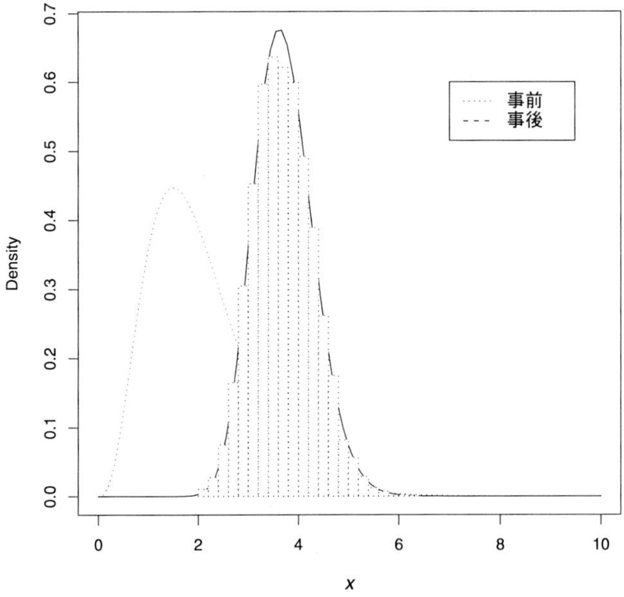

図 **4.4** ポアソン–ガンマ分布の事後分布

これは後述する乱数発生による事後分布評価の準備として確認してほしい.

4.2 連続分布のベイズ推測：一変量正規分布

連続分布の代表的なものは，正規分布である．本節ではベイズ推測においても中心的な役割を果たし，応用上多くのウェイトを占める正規分布のベイズ推測についてみてゆこう.

いま平均 μ，分散 σ^2 の正規分布に従う確率変数 $Y \sim N\left(\mu, \sigma^2\right)$ の確率密度関数は

$$p(y|\mu, \sigma^2) = \frac{1}{\sqrt{2\pi\sigma^2}} \exp\left\{-\frac{1}{2\sigma^2}\,(y-\mu)^2\right\} \tag{4.24}$$

で与えられる．Y に関する n 個の無作為標本 $\mathbf{y} = (y_1, ..., y_n)'$ を用いて母集団パラメータ (μ, σ^2) を推測する問題を考える.

4.2.1　μ の推測——σ^2 が既知の場合——

無作為標本 $y_1, ..., y_n$ は互いに独立であるであることから，同時確率密度関数は，各標本に対する確率密度関数 $p\left(y_i|\mu,\sigma^2\right), i=1,...,n$ の積で下記のように書かれる．

$$
\begin{aligned}
p\left(\mathbf{y}|\mu,\sigma^2\right) &= \prod_{i=1}^{n} \frac{1}{\sqrt{2\pi\sigma^2}} \exp\left\{-\frac{1}{2\sigma^2}\left(y_i-\mu\right)^2\right\} \\
&= \left(\frac{1}{\sqrt{2\pi\sigma^2}}\right)^n \exp\left\{-\frac{1}{2\sigma^2}\sum_{i=1}^{n}\left(y_i-\mu\right)^2\right\} \qquad (4.25)
\end{aligned}
$$

まず分散 σ^2 が既知で，平均パラメータ μ を推測する場合を最初に取り上げる．

この同時確率密度関数をパラメータ μ の関数とみた場合に，$p(\mathbf{y}|\mu)$ が μ の尤度関数である．

いま，μ に対する事前分布を平均 μ_0，分散 σ_0^2 の正規分布，つまり，$\mu \sim N\left(\mu_0,\sigma_0^2\right)$ とすると，μ の事後分布は，ベイズの定理（式 (3.1)）から，事前分布

$$
p(\mu) = \frac{1}{\sqrt{2\pi\sigma_0^2}} \exp\left\{-\frac{\left(\mu-\mu_0\right)^2}{2\sigma_0^2}\right\} \qquad (4.26)
$$

と尤度関数 $p(\mathbf{y}|\mu)$ の積で導出され，事後分布のカーネルは次のように書かれる．

$$
p(\mu|\mathbf{y}) \propto \exp\left\{-\frac{\left(\mu-\mu_0\right)^2}{2\sigma_0^2} - \frac{\sum_{i=1}^{n}\left(y_i-\mu\right)^2}{2\sigma^2}\right\} \qquad (4.27)
$$

次に，各標本の算術平均からの差の合計はゼロ $\left(\sum_{i=1}^{n}\left(y_i-\bar{y}\right)=0\right)$ となるという性質を利用して，式 (4.27) の指数部分において第 2 項を

$$
\begin{aligned}
\sum_{i=1}^{n}\left(y_i-\mu\right)^2 &= \sum_{i=1}^{n}\left(y_i-\bar{y}+\bar{y}-\mu\right)^2 \\
&= \sum_{i=1}^{n}\left(y_i-\bar{y}\right)^2 + n\left(\bar{y}-\mu\right)^2 \qquad (4.28) \\
&\equiv (n-1)s^2 + n\left(\bar{y}-\mu\right)^2
\end{aligned}
$$

と書き，μ に関する項のみを残せば次の表現が得られる．

$$
p(\mu|\mathbf{y}) \propto \exp\left\{-\frac{\left(\mu-\mu_0\right)^2}{2\sigma_0^2} - \frac{n\left(\bar{y}-\mu\right)^2}{2\sigma^2}\right\} \qquad (4.29)
$$

次に2次式の和に関する性質（章末付録の公式A）を利用すると事後分布のカーネルは次のように表現できる．

$$p(\mu|\mathbf{y}) \propto \exp\left\{-\frac{(\mu-\mu^*)^2}{2\sigma^{*2}}\right\} \tag{4.30}$$

ここで，

$$\mu^* = \frac{(1/\sigma_0^2)\mu_0 + (n/\sigma^2)\bar{y}}{1/\sigma_0^2 + n/\sigma^2} = \omega\mu_0 + (1-\omega)\,\bar{y} \tag{4.31}$$

また $\omega = \frac{1/\sigma_0^2}{1/\sigma_0^2+n/\sigma^2}$ である．つまり，前節の離散型確率分布の場合と同様に，事後分布の平均は事前分布の平均 μ_0 とデータの平均 $\bar{y}$ の ω をウェイトとする加重平均となっていることがわかる．

さらに事後分布の分散は

$$\sigma^{*2} = \frac{1}{1/\sigma_0^2 + n/\sigma^2} \tag{4.32}$$

と評価される．したがって，μ の事後分布は平均 μ^*，分散 σ^{*2} の正規分布

正規–正規分布の事後分布：$\boldsymbol{\sigma^2}$ 既知

$$\mu|\mathbf{y} \sim N\left(\mu^*, \sigma^{*2}\right) \tag{4.33}$$

となっている．

いま，上記の事前分布と事後分布の関係において，それぞれの分散の逆数を精度として定義して精度表示を行えば，ベイズの定理が意味する情報更新のシステムがより理解しやすい．

つまり，分散は不確実性の程度を表す量であり，これが大きいほど不確実性が大きく，この意味において精度が低いといえる．逆に分散が小さい状況では，推測の精度は高いと解釈できる．したがって，分散の逆数で精度を定義した場合，データを集める以前に分析者が μ に対してもつ確信の度合いとしての事前の精度は $\tau = \frac{1}{\sigma_0^2}$ であると理解する．さらに，一つの標本 y_i の分布が示す精度は $\gamma = \frac{1}{\sigma^2}$ であり，独立な n 個の標本の精度は $n\gamma$ と合計できる．事前の情報とデータの情報を融合させる役割とベイズの定理を解釈すれば，これら二つの

精度が結びつけられ,

事後精度

事後精度：$\gamma^* = \tau + n\gamma$ (= 事前精度 + 標本の精度)

の関係が成立する．つまり事後平均 μ^* は，事前平均 μ_0 と標本の平均 $\bar{y}$ をそれぞれ事前精度 τ および標本の精度 $n\gamma$ で加重した加重平均として

正規分布の事後平均

$$\text{事後平均}:\mu^* = \frac{\tau\mu_0 + (n\gamma)\,\bar{y}}{\tau + (n\gamma)} = \frac{[\text{事前精度}]\mu_0 + [\text{標本の精度}]\bar{y}}{[\text{事後精度}]}$$

で与えられる．

4.2.2　$\boldsymbol{\sigma^2}$ の推測——$\boldsymbol{\mu}$ が既知の場合——

今度は逆に，平均 μ が既知であり分散 σ^2 が未知である場合を考える．そのための準備として，逆ガンマ (inverted gamma) 分布を定義しよう．

この分布は確率密度関数

$$\begin{aligned} p(\sigma^2) &= \frac{(s_0/2)^{r_0/2}}{\Gamma(r_0/2)}(\sigma^2)^{-r_0/2-1}\exp\left(-\frac{s_0}{2\sigma^2}\right) \\ &\propto (\sigma^2)^{-r_0/2-1}\exp\left(-\frac{s_0}{2\sigma^2}\right) \end{aligned} \tag{4.34}$$

をもち，確率が二つのパラメータ $(r_0/2, s_0/2)$ で決定されるので，$\sigma^2 \sim IG(r_0/2, s_0/2)$ と書く．これは，逆数 $1/\sigma^2$ をとることでガンマ分布となる確率分布である．また，自由度 ν のカイ 2 乗分布は，$(v/2, 1/2)$ のガンマ分布である．

まず，平均 μ が既知の場合の σ^2 に関する尤度関数は，次のように書かれる．

$$\begin{aligned} p(\mathbf{y}|\sigma^2) &= \left(\frac{1}{\sqrt{2\pi\sigma^2}}\right)^n \exp\left\{-\frac{1}{2\sigma^2}\sum_{i=1}^{n}(y_i-\mu)^2\right\} \\ &\propto (\sigma^2)^{-n/2}\exp\left(-\frac{ns^2}{2\sigma^2}\right) \end{aligned} \tag{4.35}$$

ここで，$ns^2 = \sum_{i=1}^{n}(y_i-\mu)^2$ である．

いま，σ^2 の事前分布として式 (4.34) の逆ガンマ分布を利用した場合の σ^2 の事後分布は，尤度関数の式 (4.35) との積から

$$\begin{aligned} p(\sigma^2|\mathbf{y}) &\propto p(\sigma^2)p(\mathbf{y}|\sigma^2) \\ &\propto \left(\sigma^2\right)^{-r_0/2-1}\exp\left(-\frac{s_0}{2\sigma^2}\right)\cdot\left(\sigma^2\right)^{-n/2}\exp\left(-\frac{ns^2}{2\sigma^2}\right) \\ &= \left(\sigma^2\right)^{-(r_0+n)/2-1}\exp\left(-\frac{s_0+ns^2}{2\sigma^2}\right) \end{aligned} \tag{4.36}$$

となる．したがって，$\left((r_0+n)/2, \left(s_0+ns^2\right)/2\right)$ の逆ガンマ分布

正規–逆ガンマ分布の事後分布：μ 既知

$$\sigma^2|\mathbf{y} \sim IG\left((r_0+n)/2, \left(s_0+ns^2\right)/2\right) \tag{4.37}$$

に従うことがわかる．

4.2.3 $\boldsymbol{\mu}, \boldsymbol{\sigma^2}$ の推測——共役事前分布と事後分布——

次に，平均も分散も未知の場合を考える．これらの同時事前分布 $p(\mu,\sigma^2)$ が，

$$p\left(\mu,\sigma^2\right) = p\left(\mu|\sigma^2\right)p\left(\sigma^2\right) \tag{4.38}$$

と書けることを利用して，σ^2 を与えたときの μ の条件付事前分布が平均 μ_0，分散 σ^2/k_0 の正規分布，さらに σ^2 の周辺事前分布がパラメータ $(r_0/2, s_0/2)$ の逆ガンマ分布

$$\mu|\sigma^2 \sim N\left(\mu_0, \sigma^2/k_0\right), \quad \sigma^2 \sim IG(r_0/2, s_0/2) \tag{4.39}$$

であるとする．そのとき，同時事前分布は

$$\begin{aligned} p\left(\mu,\sigma^2\right) &= p\left(\mu|\sigma^2\right)p\left(\sigma^2\right) \\ &\propto \left(\sigma^2\right)^{-(r_0+1)/2-1}\exp\left(-\frac{1}{2\sigma^2}\left[k_0(\mu-\mu_0)^2+s_0\right]\right) \end{aligned} \tag{4.40}$$

と書かれる．この事前分布は，正規–逆ガンマ事前分布 (normal–inverse gamma prior) とよばれ，$N\text{–}IG\left(\mu_0, k_0; r_0, s_0\right)$ と記す．

このとき，μ, σ^2 の同時事後分布 $p\big(\mu, \sigma^2|\mathbf{y}\big)$ は，μ，σ^2 の尤度関数である式 (4.25) と事前分布の式 (4.40) との積により導出され，カーネルは

$$\begin{aligned} p\big(\mu, \sigma^2|\mathbf{y}\big) &\propto p\big(\mu, \sigma^2\big) p\big(\mathbf{y}|\mu, \sigma^2\big) \\ &\propto \left(\sigma^2\right)^{-(r_0+1)/2-1} \exp\left(-\frac{1}{2\sigma^2}\left[k_0\left(\mu-\mu_0\right)^2+s_0\right]\right) \\ &\quad \times \left(\sigma^2\right)^{-n/2} \exp\left(-\frac{1}{2\sigma^2}\left[(n-1)\,s^2+n\left(\bar{y}-\mu\right)^2\right]\right) \end{aligned} \tag{4.41}$$

となる．さらにこれらを整理して，μ を含む項と含まない項に分け

$$\begin{aligned} p\big(\mu, \sigma^2|\mathbf{y}\big) \propto \left(\sigma^2\right)^{-(r_0+n+1)/2-1} &\exp\left(-\frac{1}{2\sigma^2}\left[k_0\left(\mu-\mu_0\right)^2+n\left(\bar{y}-\mu\right)^2\right]\right) \\ \times &\exp\left(-\frac{1}{2\sigma^2}\left[s_0+(n-1)\,s^2\right]\right) \end{aligned} \tag{4.42}$$

と整理する．ここで式 (4.42) 右辺前項の μ を含む指数部分は，章末付録の公式 A の式 (4.79) において，$\theta = \mu$，$a = k_0$，$b = n$，$c = \mu_0$，$d = \bar{y}$ とおくことにより

$$k_0(\mu-\mu_0)^2+n(\bar{y}-\mu)^2 = (k_0+n)\left(\mu-\mu^*\right)^2+\left(\frac{1}{k_0}+\frac{1}{n}\right)^{-1}\left(\mu_0-\bar{y}\right)^2 \tag{4.43}$$

と書かれる．ここで

$$\mu^* = \frac{1}{k_0+n}\left(k_0\mu_0+n\bar{y}\right) \tag{4.44}$$

である．したがって，同時事後分布のカーネルは下記のように書ける．

$$p\big(\mu, \sigma^2|\mathbf{y}\big) \propto \left(\sigma^2\right)^{-(r_n+1)/2-1} \exp\left(-\frac{1}{2\sigma^2}\left[k_n\left(\mu-\mu_n\right)^2+s_n\right]\right) \tag{4.45}$$

ここで，

$$\begin{aligned} \mu_n &= \frac{k_0}{k_0+n}\mu_0+\frac{n}{k_0+n}\bar{y} \\ k_n &= k_0+n; \quad r_n = r_0+n \\ s_n &= s_0+(n-1)\,s^2+\frac{k_0 n}{k_0+n}\left(\mu_0-\bar{y}\right)^2 \end{aligned} \tag{4.46}$$

である．これは正規–逆ガンマ分布として，$N\text{–}IG(\mu_n, k_n; r_n, s_n)$ と表記でき，

事前分布としての正規–逆ガンマ分布 $N\text{–}IG\left(\mu_0, k_0; r_0, s_0\right)$ に関して，データ投入によるパラメータ更新の関係が式 (4.46) において明示的となる．

さらに，同時事後分布（式 (4.45)）は，σ^2 を与えたときの μ の条件付事後分布 $p\left(\mu|\mathbf{y}, \sigma^2\right)$ と σ^2 の周辺事後分布 $p\left(\sigma^2|\mathbf{y}\right)$ の積であり，

$$\begin{aligned} p\left(\mu, \sigma^2|\mathbf{y}\right) &= p\left(\mu|\mathbf{y}, \sigma^2\right)p\left(\sigma^2|\mathbf{y}\right) \\ &\propto \left(\sigma^2\right)^{-1/2} \exp\left(-\frac{1}{2\sigma^2}\left[k_n\left(\mu - \mu_n\right)^2\right]\right) \\ &\quad \times \left(\sigma^2\right)^{-(r_n/2)-1} \exp\left(-\frac{s_n}{2\sigma^2}\right) \end{aligned} \tag{4.47}$$

と書かれることから，σ^2 を与えたときの μ の条件付事後分布は正規分布で与えられ，σ^2 の周辺事後分布は逆ガンマ分布で与えられることがわかる．

正規–逆ガンマ事前分布：$N\text{–}IG(\mu_0, k_0; r_0, s_0)$

$$\mu|\sigma^2, \mathbf{y} \sim N\left(\mu_n, \sigma^2/k_n\right) \tag{4.48}$$

$$\sigma^2|\mathbf{y} \sim IG(r_n/2, s_n/2) \tag{4.49}$$

このように，正規–逆ガンマ事前分布 $N\text{–}IG(\mu_0, k_0; r_0, s_0)$ は事後分布でも同じ正規–逆ガンマ事後分布 $N\text{–}IG(\mu_n, k_n; r_n, s_n)$ の形をとり，共役事前分布として利用される．

4.3　多変量正規分布のベイズ推測

4.3.1　多変量正規分布と尤度関数

d 次元確率変数ベクトル $\mathbf{y} = (y_1, y_2, ..., y_d)'$ が平均 $\mu = (\mu_1, \mu_2, ..., \mu_d)'$，分散共分散行列 $\Sigma = \left(\sigma_{ij}\right), \sigma_{ij} = \mathrm{Cov}(y_i, y_j)$ の多変量正規分布に従う場合を考えよう．これをいま，$\mathbf{y}|\mu, \Sigma \sim N_d\left(\mu, \Sigma\right)$ と表記する．

まず，多変量正規分布の確率密度関数は，

$$p(\mathbf{y}|\mu, \Sigma) = (2\pi)^{-1/2}\left|\Sigma\right|^{-1/2} \exp\left(-\frac{1}{2}\left(\mathbf{y} - \mu\right)'\Sigma^{-1}\left(\mathbf{y} - \mu\right)\right) \tag{4.50}$$

で定義される．いま，n 個の独立な標本ベクトルを $\mathbf{Y} = \{\mathbf{y}_1, ..., \mathbf{y}_n\}$ としたと

き，尤度関数は，

$$p(\mathbf{Y}|\mu,\Sigma) \propto |\Sigma|^{-n/2}\exp\left(-\frac{1}{2}\sum_{i=1}^{n}(\mathbf{y}_i-\mu)'\Sigma^{-1}(\mathbf{y}_i-\mu)\right) \qquad (4.51)$$

と書ける．そのとき，一変量正規分布の尤度関数の表現（式 (4.28)）に対応して，パラメータ μ, Σ の尤度関数のカーネルは次のように表される．

多変量正規分布の尤度関数カーネル

$$p(\mathbf{Y}|\mu,\Sigma)$$
$$\propto |\Sigma|^{-n/2}\exp\left(-\frac{1}{2}\left[\mathrm{tr}\left(\Sigma^{-1}\mathbf{S}\right)+(\bar{\mathbf{y}}-\mu)'\left(n\Sigma^{-1}\right)(\bar{\mathbf{y}}-\mu)\right]\right) \quad (4.52)$$

証明：式 (4.51) において $\mathbf{y}_i-\mu=(\mathbf{y}_i-\bar{\mathbf{y}})+(\bar{\mathbf{y}}-\mu)$ と 2 項に分けて展開し，一変量正規分布における分解 (式 (4.28)) に対応する関係

$$(\bar{\mathbf{y}}-\mu)'\,\Sigma^{-1}\sum_{i=1}^{n}(\mathbf{y}_i-\bar{\mathbf{y}})=\mathbf{0} \qquad (4.53)$$

を利用すると，まず次の展開が得られる．

$$\begin{aligned} &p(\mathbf{Y}|\mu,\Sigma)\\ &\propto |\Sigma|^{-n/2}\exp\left(-\frac{1}{2}\left[\sum_{i=1}^{n}(\mathbf{y}_i-\bar{\mathbf{y}})'\Sigma^{-1}(\mathbf{y}_i-\bar{\mathbf{y}})+n(\bar{\mathbf{y}}-\mu)'\Sigma^{-1}(\bar{\mathbf{y}}-\mu)\right]\right)\\ &=|\Sigma|^{-n/2}\exp\left(-\frac{1}{2}\left[\mathrm{tr}\left(\Sigma^{-1}\mathbf{S}\right)+(\bar{\mathbf{y}}-\mu)'\left(n\Sigma^{-1}\right)(\bar{\mathbf{y}}-\mu)\right]\right) \end{aligned} \qquad (4.54)$$

ここで，$\mathbf{S}=\sum_{i=1}^{n}(\mathbf{y}_i-\bar{\mathbf{y}})(\mathbf{y}_i-\bar{\mathbf{y}})'$ である．さらに式 (4.54) の 2 行目から 3 行目では，行列のトレースの性質

$$(\mathbf{x}-\mathbf{a})'A(\mathbf{x}-\mathbf{a})=\mathrm{tr}\left(A(\mathbf{x}-\mathbf{a})(\mathbf{x}-\mathbf{a})'\right) \qquad (4.55)$$

を利用して，

$$\begin{aligned} \sum_{i=1}^{n}(\mathbf{y}_i-\bar{\mathbf{y}})'\Sigma^{-1}(\mathbf{y}_i-\bar{\mathbf{y}}) &= \sum_{i=1}^{n}\mathrm{tr}\left(\Sigma^{-1}(\mathbf{y}_i-\bar{\mathbf{y}})(\mathbf{y}_i-\bar{\mathbf{y}})'\right)\\ &=\mathrm{tr}\left(\Sigma^{-1}\sum_{i=1}^{n}(\mathbf{y}_i-\bar{\mathbf{y}})(\mathbf{y}_i-\bar{\mathbf{y}})'\right) \end{aligned} \qquad (4.56)$$

の関係が得られることから式 (4.52) が得られる． ■

次には，分散共分散行列 Σ が既知の場合と未知の場合に分けて事後分布をみていく．

4.3.2 $\boldsymbol{\mu}$ の推測——$\boldsymbol{\Sigma}$ 既知の場合——

いま，事前分布として平均 μ_0，分散共分散行列 Λ_0 の正規分布 $\mu \sim N_d(\mu_0, \Lambda_0)$ を設定する．つまり，事前分布のカーネルは

$$p(\mu) \propto \exp\left(-\frac{1}{2}\left[(\mu-\mu_0)'\Lambda_0^{-1}(\mu-\mu_0)\right]\right) \tag{4.57}$$

であり，尤度関数カーネル（式 (4.52)）において Σ を含まない部分との積をとることにより，事後分布は

$$\begin{aligned} p(\mu|\mathbf{Y},\Sigma) &\propto p(\mu)p(\mathbf{Y}|\mu,\Sigma) \\ &\propto \exp\left(-\frac{1}{2}\left[(\mu-\mu_0)'\Lambda_0^{-1}(\mu-\mu_0)+(\bar{\mathbf{y}}-\mu)'\left(n\Sigma^{-1}\right)(\bar{\mathbf{y}}-\mu)\right]\right) \\ &\propto \exp\left(-\frac{1}{2}(\mu-\mu_n)'\Lambda_n^{-1}(\mu-\mu_n)\right) \end{aligned} \tag{4.58}$$

が得られる．ここで事後分布（式 (4.58)）は，本章付録の公式 B において $\theta=\mu$，$A=\Lambda_0^{-1}$，$B=n\Sigma^{-1}$，$C=\mu_0$，$D=\bar{\mathbf{y}}$ とおくことにより μ_n，Λ_n^{-1} が次のように得られる．つまり

多変量正規分布の事後分布：$\boldsymbol{\Sigma}$ 既知の場合

$$\mu|\mathbf{Y},\Sigma \sim N_d(\mu_n,\Sigma_n) \tag{4.59}$$

$$\mu_n = \left(\Lambda_0^{-1}+n\Sigma^{-1}\right)^{-1}\left(\Lambda_0^{-1}\mu_0+n\Sigma^{-1}\bar{\mathbf{y}}\right),\quad \Lambda_n^{-1}=\Lambda_0^{-1}+n\Sigma^{-1} \tag{4.60}$$

4.3.3 逆ウィシャート分布

Σ の事前分布として用いる逆ウィシャート分布の定義を行う．

d 変量多変量正規分布に従う n 個の独立な標本 $\mathbf{y}_1,...,\mathbf{y}_n \sim N_d(\mathbf{0},\boldsymbol{\Sigma})$ に対する同時確率密度関数は，式 (4.51) および式 (4.52) より

$$p(\mathbf{y}_1,...,\mathbf{y}_n|\boldsymbol{\Sigma}) = (2\pi)^{-n/2}|\boldsymbol{\Sigma}|^{-n/2}\exp\left\{-\frac{1}{2}\mathrm{tr}\left(\boldsymbol{\Sigma}^{-1}\mathbf{S}\right)\right\} \tag{4.61}$$

で与えられる．ここで，$\mathbf{S}=\sum_{i=1}^{n}\mathbf{y}_i\mathbf{y}_i'$ で定義される．$(\mathbf{y}_1,...,\mathbf{y}_n)$ から $\mathbf{S}$ へ

変数変換して得られる $\mathbf{S}$ の確率密度関数は，次で与えられる．

$$p(\mathbf{S}|\boldsymbol{\Sigma}) = c^{-1} \cdot |\mathbf{S}|^{(n-d-1)/2}|\boldsymbol{\Sigma}|^{-n/2} \exp\left\{-\frac{1}{2}\mathrm{tr}\left(\boldsymbol{\Sigma}^{-1}\mathbf{S}\right)\right\} \tag{4.62}$$

ここで c は確率密度関数の積分定数であり，$c = 2^{nd/2}\pi^{d(d-1)/4}\prod_{i=1}^{d}\Gamma((n+1-i)/2)$ と評価される．$\mathbf{S}$ の分布はウィシャート (Wishart) 分布とよばれ，$\mathbf{S} \sim W_d(n, \boldsymbol{\Sigma})$ と表記する．$\mathbf{S}$ は $d \times d$ の分散共分散行列の各要素を n 倍したもので，対称行列であることから，分散に対応する d 個の対角成分および共分散に対応する $d(d-1)/2$ 個の非対角成分の，合計 $d(d+1)/2$ 個の確率変数の分布を規定するものである．つまり，$\mathbf{S}$ は $\mathbf{y}$ の標本分散共分散行列を n 倍したものであり，これがウィシャート分布に従うことを示している．これは一変量で標本分散を n 倍した量を σ^2 で割った量がカイ 2 乗分布に従う $(ns^2/\sigma^2 \sim \chi^2(n))$ ことの多変量への拡張である．また，$\mathbf{S}' = \mathbf{S}/n$ として，文字どおり $\mathbf{y}$ の標本分散共分散行列は

$$\mathbf{S}' \sim W_d\left(n, \boldsymbol{\Sigma}/n\right) \tag{4.63}$$

の分布に従うことがわかる．

今度は逆に，$\mathbf{S}$ を固定して $\boldsymbol{\Sigma}$ を変量とした場合，その密度関数は

$$\begin{aligned} p(\boldsymbol{\Sigma}|\mathbf{S}) &= c^{-1} \cdot |\mathbf{S}|^{n/2}|\boldsymbol{\Sigma}|^{-(n+d+1)/2} \exp\left\{-\frac{1}{2}\mathrm{tr}\left(\boldsymbol{\Sigma}^{-1}\mathbf{S}\right)\right\} \\ &\propto |\boldsymbol{\Sigma}|^{-(n+d+1)/2} \exp\left\{-\frac{1}{2}\mathrm{tr}\left(\boldsymbol{\Sigma}^{-1}\mathbf{S}\right)\right\} \end{aligned} \tag{4.64}$$

となる．これは逆ウィシャート (inverted Wishart) 分布とよばれ，

逆ウィシャート分布

$$\boldsymbol{\Sigma} \sim IW_d\left(n, \mathbf{S}\right) \tag{4.65}$$

と表記する．

4.3.4 $\boldsymbol{\Sigma}$ の推測——$\boldsymbol{\mu}$ 既知の場合——

次に，平均 μ が既知であり，分散共分散 Σ が未知である場合を考えよう．このときの尤度関数は，$\mathbf{S}^* = \sum_{i=1}^{n}\left(\mathbf{y}_i - \mu\right)\left(\mathbf{y}_i - \mu\right)'$ として，次で与えら

れる.

$$p\left(\mathbf{Y}|\Sigma\right) \propto |\Sigma|^{-n/2}\exp\left(-\frac{1}{2}\left[\mathrm{tr}\left(\Sigma^{-1}\mathbf{S}^{*}\right)\right]\right) \tag{4.66}$$

Σ の事前分布として逆ウィシャート分布 $\Sigma \sim IW_d\left(\nu_0, \Lambda_0\right)$ を導入する. この分布の確率密度関数は式 (4.64) において $(n, \mathbf{S})$ を (ν_0, Λ_0) に置き換えたもので与えられるが, 事前分布は観測値から規定される $\mathbf{S}$ に基づいていないので,

$$p(\Sigma) \propto |\Sigma|^{-(\nu_0+d+1)/2}\exp\left\{-\frac{1}{2}\mathrm{tr}\left(\Sigma^{-1}\Lambda_0\right)\right\} \tag{4.67}$$

と書く.

このとき, 事後分布は式 (4.66) および式 (4.67) の積で

$$\begin{aligned} p(\Sigma|\mathbf{Y}) &\propto p(\Sigma)p(\mathbf{Y}|\Sigma) \\ &= |\Sigma|^{-(\nu_0+d+n+1)/2}\exp\left(-\frac{1}{2}\mathrm{tr}\left(\Sigma^{-1}\left\{\Lambda_0+\mathbf{S}^{*}\right\}\right)\right) \\ &= |\Sigma|^{-(\nu_n+d+1)/2}\exp\left(-\frac{1}{2}\mathrm{tr}\left(\Sigma^{-1}\Lambda_n\right)\right) \end{aligned} \tag{4.68}$$

と計算され, 同じ逆ウィシャート分布をすることがわかる. つまり,

$\boldsymbol{\Sigma}$ の事後分布：$\boldsymbol{\mu}$ が既知の場合

$$\Sigma|\mu, \mathbf{Y} \sim IW_d\left(\nu_n, \Lambda_n\right) \tag{4.69}$$

ここで, $\nu_n = \nu_0 + n$, $\Lambda_n = \Lambda_0 + \mathbf{S}^{*}$ である.

4.3.5 $\boldsymbol{\mu}, \boldsymbol{\Sigma}$ の推測——共役事前分布と事後分布——

一変量正規分布の場合の共役事前分布の拡張として, 分散共分散行列パラメータ Σ の周辺分布は逆ウィシャート分布, Σ を条件付きとした平均パラメータ μ の条件付分布は正規分布であるように設定する.

正規–逆ウィシャート事前分布：N_d–$IW_d(\mu_0, k_0; \nu_0, \Lambda_0)$

$$\Sigma \sim IW_d(\nu_0, \Lambda_0) \tag{4.70}$$

$$\mu|\Sigma \sim N_d(\mu_0, \Sigma/k_0) \tag{4.71}$$

そのとき同時事前分布は,

$$p(\mu,\Sigma)=p(\Sigma)\,p(\mu|\Sigma)$$
$$\propto|\Sigma|^{-(\nu_0+d+1)/2}\exp\left(-\frac{1}{2}\mathrm{tr}\left(\Lambda_0\Sigma^{-1}\right)-\frac{k_0}{2}(\mu-\mu_0)'\Sigma^{-1}\left(\mu-\mu_0\right)\right) \tag{4.72}$$

であり,この共役事前分布を正規–逆ウィシャート事前分布とよび,N_d–$IW_d(\mu_0,k_0;\nu_0,\Lambda_0)$ と書く.

このとき,尤度関数の式 (4.52) および事前分布の式 (4.72) の積をとると,事後分布のカーネルは

$$\begin{aligned}
&p(\mu,\Sigma|\mathbf{y})\\
&\quad\propto|\Sigma|^{-(\nu_0+d+1)/2}\exp\left(-\frac{1}{2}\mathrm{tr}(\Sigma^{-1}\Lambda_0)-\frac{k_0}{2}(\mu-\mu_0)'\Sigma^{-1}(\mu-\mu_0)\right)\\
&\quad\times|\Sigma|^{-n/2}\exp\left(-\frac{1}{2}\left[\mathrm{tr}(\Sigma^{-1}\mathbf{S})+(\bar{\mathbf{y}}-\mu)'(n\Sigma^{-1})(\bar{\mathbf{y}}-\mu)\right]\right)\\
&\quad=|\Sigma|^{-(\nu_0+d+n+1)/2}\exp\left(-\frac{1}{2}\mathrm{tr}(\Sigma^{-1}(\Lambda_0+\mathbf{S}))\right)\\
&\quad\times\exp\left(-\frac{1}{2}\left[(\mu-\mu_0)'(k_0\Sigma^{-1})(\mu-\mu_0)+(\bar{\mathbf{y}}-\mu)'(n\Sigma^{-1})(\bar{\mathbf{y}}-\mu)\right]\right)
\end{aligned} \tag{4.73}$$

式 (4.73) の最後の式における指数関数の第 2 項は,章末付録の公式 B において,$\theta=\mu$,$A=k_0\Sigma^{-1}$,$B=n\Sigma^{-1}$,$C=\mu_0$,$D=\bar{\mathbf{y}}$ とおき,行列のトレースの性質 (式 (4.55)) を利用すると

$$\begin{aligned}
&(\mu-\mu_0)'\left(k_0\Sigma^{-1}\right)(\mu-\mu_0)+(\bar{\mathbf{y}}-\mu)'\left(n\Sigma^{-1}\right)(\bar{\mathbf{y}}-\mu)\\
&=(\mu-\mu_n)'\left((k_0+n)\,\Sigma^{-1}\right)(\mu-\mu_n)+\mathrm{tr}\left((k_0n)\,/\,(k_0+n)\,\Sigma^{-1}\mathbf{S}_0\right)
\end{aligned} \tag{4.74}$$

と整理できる.ここで

$$\mu_n=\left((k_0+n)\,\Sigma^{-1}\right)^{-1}\left(k_0\Sigma^{-1}\mu_0+n\Sigma^{-1}\bar{\mathbf{y}}\right),\quad \mathbf{S}_0=(\mu_0-\bar{\mathbf{y}})\,(\mu_0-\bar{\mathbf{y}})' \tag{4.75}$$

である.したがって式 (4.73) から,

$$\begin{aligned} p(\mu,\Sigma|\mathbf{y}) &\propto |\Sigma|^{-d/2}\exp\biggl(-\frac{1}{2}(\mu-\mu_n)'\left[(k_0+n)\,\Sigma^{-1}\right](\mu-\mu_n)\biggr) \\ &\quad\times|\Sigma|^{-(\nu_0+n+1)/2}\exp\biggl(-\frac{1}{2}\biggl[\mathrm{tr}\biggl(\Sigma^{-1}\biggl(\Lambda_0+\mathbf{S}+\frac{k_0 n}{k_0+n}\mathbf{S}_0\biggr)\biggr)\biggr]\biggr) \\ &\equiv|\Sigma|^{-d/2}\exp\biggl(-\frac{1}{2}(\mu-\mu_n)'(k_n\Sigma^{-1})(\mu-\mu_n)\biggr) \\ &\quad\times|\Sigma|^{-(\nu_n+1)/2}\exp\biggl(-\frac{1}{2}\bigl[\mathrm{tr}(\Sigma^{-1}\Lambda_n)\bigr]\biggr) \end{aligned} \tag{4.76}$$

と書き換えられ，正規分布–ウィシャート分布の形をすることがわかり，これを $N_d\text{–}IW_d\,(\mu_n,k_n;\nu_n,\Lambda_n)$ とする．すなわち，

$\boldsymbol{\mu}$, $\boldsymbol{\Sigma}$ の事後分布：$N_d\text{–}IW_d(\mu_n,k_n;\nu_n,\Lambda_n)$

$$\begin{aligned} \mu|\mathbf{y},\Sigma &\sim N_d(\mu_n,\Sigma/k_n) \\ \Sigma|\mathbf{y} &\sim IW_d(\nu_n,\Lambda_n) \end{aligned} \tag{4.77}$$

ここで，

$$\begin{aligned} &\mu_n=\tfrac{k_0}{k_0+n}\mu_0+\tfrac{n}{k_0+n}\bar{\mathbf{y}},k_n=k_0+n; \\ &\nu_n=\nu_0+n,\Lambda_n=\Lambda_0+\mathbf{S}+\tfrac{k_0 n}{k_0+n}\mathbf{S}_0 \end{aligned} \tag{4.78}$$

付　　録

公式 A：二つの 2 次式の和に関する公式

定数 a,b,c,d に対して，θ に関する 2 次式の和について，次の性質が成り立つ．

$$a(\theta-c)^2+b(d-\theta)^2=(a+b)\,(\theta-\theta^*)^2+\left(a^{-1}+b^{-1}\right)^{-1}(c-d)^2 \tag{4.79}$$

ここで $\theta^*=(a+b)^{-1}\,(ac+bd)$ である．

公式 B：$\boldsymbol{d}$ 次元ベクトル $\boldsymbol{\theta}$ に関する二つの 2 次形式の和の性質

定数の正則な対称行列 A，B および定数ベクトル C，D に対して，次の性質が成り立つ．

$$
\begin{aligned}
&(\theta - C)' A (\theta - C) + (D - \theta)' B (D - \theta) \\
&= (\theta - \theta^*)' (A + B) (\theta - \theta^*) + (C - D)' A (A + B)^{-1} B (C - D) \\
&= (\theta - \theta^*)' (A + B) (\theta - \theta^*) + (C - D)' \left(A^{-1} + B^{-1}\right)^{-1} (C - D)
\end{aligned}
\tag{4.80}
$$

ここで $\theta^* = (A + B)^{-1} (AC + BD)$.

5 事後分布の評価

事後分布の評価法は，前章まででみてきた共役事前分布族の利用して解析的に求めるものの他に，漸近理論に基づく近似やモンテカルロ積分による数値的評価のアプローチがある．本章ではベイズ統計の発展のエンジンとなったモンテカルロ法による事後分布評価法を中心に説明する．

モンテカルロ法による事後分布評価は，直接法，間接法，マルコフ連鎖モンテカルロ法に分類できる．以下では，これらについてみていこう．

5.1 モンテカルロ法

θ の確率密度関数を $p(\theta)$ とし，θ のある関数 $g(\theta)$ の期待値 $r = E[g(\theta)] = \int g(\theta)p(\theta)d\theta$ である積分値を，$p(\theta)$ からの N 個の独立な標本 $\left\{\theta^{(1)}, \theta^{(2)}, ..., \theta^{(N)}\right\}$ を用いて，大数の法則を利用して求める方法は，**モンテカルロ積分** (Monte Carlo integration) とよばれる．この方法の基礎になる分布からの標本の抽出法としては，受容/棄却法やインポータンスサンプリングなど，直接的・間接的にサンプリングを行う手法があるが，これらの手法はパラメータの次元が大きいときには非効率的な方法となる．それに対して繰返しシミュレーション法の一つのクラスである**マルコフ連鎖モンテカルロ法** (MCMC: Markov chain Monte Carlo) は，複雑なモデルに対する一般的な解法として展開され，急速にさまざまな分野で応用されてきた．

数多くの施行の繰返しの後に，最初の状態に関係なく一定の確率状態になる性質をエルゴード性とよぶが，MCMC 法は，必ずしも独立でない標本からこのエルゴード性を有するマルコフ連鎖をシミュレートする方法である．

その代表的アルゴリズムとしてギッブスサンプリング (Gibbs sampling) がある．Geman and Geman (1984) は，この標本が事後分布へ指数関数的に収束することを示し，Gelfand and Smith(1990) は，さまざまな統計モデルにこのギッブスサンプリングが適用できることを示している．このギッブスサンプリング法は，前章で言及した完全条件付事後分布からのサンプリングが可能な場合に限定されるが，完全条件付事後分布が利用できない場合に適用される MCMC 法のアルゴリズムとして，**メトロポリス–ヘイスティングス (M–H) サンプリング** (Metropolis–Hastings sampling: Metropolis, *et al.*, 1953; Hastings, 1970) がある．

現代のベイズ統計によるモデリングでは，共役事前分布と MCMC 法を上手に組み合わせて，分析対象に対して効率的で柔軟なモデリング技術を提供している．

以下では，近年盛んに応用され，ベイズモデリングの必須ツールとなっているモンテカルロ法による積分評価を中心にみてゆく．

5.2 モンテカルロ法による積分評価——非繰返しモンテカルロ法——

5.2.1 モンテカルロ積分

いま，確率変数 θ の密度関数を $p(\theta)$ とし，$p(\theta)$ から N 個の無作為標本 $\{\theta^{(1)}, ..., \theta^{(N)}\}$ が得られたとき，積分

$$r = E[g(\theta)] = \int g(\theta)p(\theta)d\theta \tag{5.1}$$

を求める際に，

$$\hat{r} = \frac{1}{N}\sum_{j=1}^{N} g\big(\theta^{(j)}\big) \tag{5.2}$$

を用いて式 (5.1) を推定する方法が**モンテカルロ積分** (Monte Carlo integration) である．このとき，式 (5.2) の推定値は，**大数の法則** (L.L.N.: law of large numbers) により，N が大きいときその期待値に近づく性質

$$\hat{r} = \frac{1}{N}\sum_{j=1}^{N} \mathrm{g}\big(\theta^{(j)}\big) \xrightarrow{a.s.} r = E[\mathrm{g}(\theta)] \tag{5.3}$$

が成り立つことで正当化される．

いま確率変数 $g(\theta^{(j)})$ が分散 $\mathrm{Var}(g(\theta))$ をもつとする．そのとき式 (5.1) の推定値の精度を分散で評価すれば，$\left\{\theta^{(1)},...,\theta^{(N)}\right\}$ が無作為標本で相互に無相関であることから

$$\begin{aligned}\mathrm{Var}(\hat{r}) &= \frac{1}{N^2}\sum_{j=1}^{N}\mathrm{Var}\big(g\big(\theta^{(j)}\big)\big)\\ &= \frac{1}{N}\mathrm{Var}\left(g(\theta)\right)\end{aligned} \tag{5.4}$$

と求められる．

$\mathrm{Var}(g(\theta))$ を標本分散 $\frac{\sum_{j=1}^{N}[\mathrm{g}(\theta^{(j)})-\hat{r}]^2}{N-1}$ で置き換えれば，(5.4) の推定値は

$$\widehat{\mathrm{Var}}(\hat{r}) = \widehat{\mathrm{Var}}(g(\theta))/N = \frac{1}{N}\cdot\frac{\sum_{j=1}^{N}\left[g(\theta^{(j)})-\hat{r}\right]^2}{N-1} \tag{5.5}$$

で与えられ，$\hat{r}$ の精度の推定値が得られる．

いま，確率変数の関数の期待値 $E[g(\theta)]$ をモンテカルロ積分で求めるこの方法を拡張する．$g(\theta)$ が区間 $[a,b]$ に入る確率 r は，$\Omega = \{\theta : a < g(\theta) < b\}$ とし，

$$r = \Pr\{a < g(\theta) < b\} = \int_{\Omega} h(\theta)d\theta \tag{5.6}$$

と表され，この推定にもモンテカルロ法が適用できる．つまり，いま $I_{[a,b]}[g(\theta)]$ で $g(\theta)$ が区間 $[a,b]$ に入るときに 1，入らないときに 0 となる関数とすれば，

$$\Pr\{a < g(\theta) < b\} = E\big(I_{[a,b]}[g\left(\theta\right)]\big) \tag{5.7}$$

と書かれることから，これも期待値を求める問題に帰着する．

p を推定するには，無作為標本としての乱数系列 $\left\{\theta^{(1)},...,\theta^{(N)}\right\}$ を用いて

$$Y_i = \begin{cases} 1, & g(\theta^{(i)}) \in [a,b] \\ 0, & g(\theta^{(i)}) \notin [a,b] \end{cases}$$

となるベルヌーイ変数 Y により

$$\hat{r} = \frac{\sum_{j=1}^{N} Y_j}{N} \tag{5.8}$$

により推定できる．この推定値の期待値および分散はそれぞれ

$$E(\hat{r}) = \frac{\sum_{j=1}^{N} E(Y_j)}{N} = r, \ \ \mathrm{Var}(\hat{r}) = \frac{\sum_{j=1}^{N} \mathrm{Var}(Y_j)}{N^2} = \frac{r(1-r)}{N} \quad (5.9)$$

と評価される．したがって推定値 $\hat{p}$ の精度は，ベルヌーイ試行の分散から

$$\widehat{\mathrm{Var}}(\hat{r}) = \hat{r}\,(1-\hat{r})\,/N \quad (5.10)$$

で推定できる．

この積分評価法は，$p(\theta)$ から無作為標本 $\left\{\theta^{(1)}, ..., \theta^{(N)}\right\}$ を抽出することがポイントであり，古典的な標本抽出法としては直接法と間接法がある．前者については，受容/棄却法，後者についてはインポータンスサンプリングが代表的手法である．

5.2.2 直接法——受容/棄却法——

いま，$\pi(\theta)$ を乱数発生させたいターゲット分布とし，ここから直接標本抽出が困難である場合，乱数発生が容易な候補分布 $q(\theta)$ に対して，次のステップで乱数発生を行うのが受容・棄却法である．図 5.1 を参照しながら手続きをみてゆこう．

直接法——受容/棄却（accept/reject）法——

まず，M を有限なスカラーで $\pi(\theta) \leq Mq(\theta)$ となるものとして

1. 二つの確率変数 θ および u を，$\theta \sim q\,(\theta)$ および $u \sim U_{(0,1)}$ からそれぞれサンプリングする．
2. $u < \frac{\pi(\theta)}{Mq(\theta)}$ ならば θ を受容し，それ以外は棄却して 1. へ戻る．

$\theta^{(i)} \sim q\,(\theta)$ としたとき，それが図 5.1 の直線の位置で出現しているとする．この $\theta^{(i)}$ を採用する際に，$u < \frac{\pi(\theta)}{Mq(\theta)}$ の確率で採用して，$u \geq \frac{\pi(\theta)}{Mq(\theta)}$ の確率で棄却するルールを考える．そのとき，標本 $\theta^{(i)}$ はあらゆる定義域上でこの割合で積み上げられていくので，実線で描かれたターゲット分布の経験分布が得られる．

証明：一般に，二つの確率変数 $\theta \sim q(\theta)$ および $u \sim g(u)$ に関して，θ および u に関するベイズの定理

$$p(\theta|u) = \frac{p(u|\theta)q(\theta)}{\int p(u|\theta)q(\theta)d\theta} \quad (5.11)$$

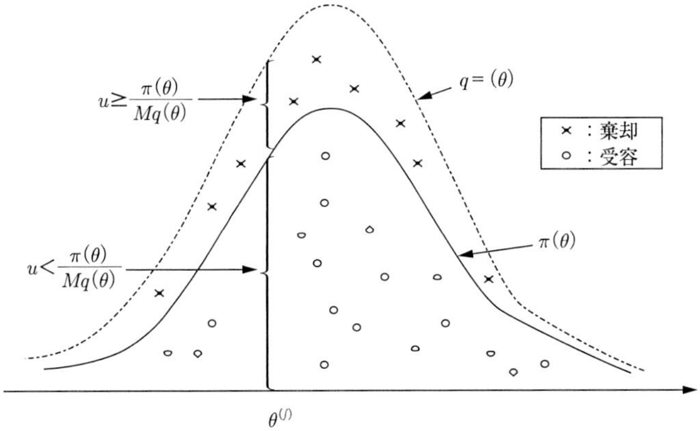

図 **5.1**　受容/棄却サンプリング

から，次の確率に関する関係が成り立つ．

$$p(\theta|u \in A) = \frac{\Pr(u \in A|\theta)q(\theta)}{\int \Pr(u \in A|\theta)q(\theta)d\theta} \tag{5.12}$$

いま，$g(u)$ として区間 [0,1] の一様分布 $u \sim U_{[0,1]}$ とし，また領域 A を $A = \left\{u < \frac{\pi(\theta)}{Mq(\theta)}\right\}$ ととれば，$\Pr\{u \in A|\theta\} = \Pr\left\{u < \frac{\pi(\theta)}{Mq(\theta)}|\theta\right\} = \frac{\pi(\theta)}{Mq(\theta)}$ であるので

$$\begin{aligned}\Pr\left\{\theta|u < \frac{\pi(\theta)}{Mq(\theta)}\right\} &= \frac{\Pr\left\{u < \frac{\pi(\theta)}{Mq(\theta)}|\theta\right\}q(\theta)}{\int \Pr\left\{u < \frac{\pi(\theta)}{Mq(\theta)}|\theta\right\}q(\theta)\,d\theta} \\ &= \frac{\left(\frac{\pi(\theta)}{Mq(\theta)}\right)q(\theta)}{\int \frac{\pi(\theta)}{Mq(\theta)}q(\theta)d\theta} = \frac{\left(\frac{\pi(\theta)}{M}\right)}{\frac{1}{M}\int \pi(\theta)d\theta} = \pi(\theta)\end{aligned} \tag{5.13}$$

が成り立つ．■

この方法の欠点は，図 5.1 にあるようなターゲット分布 $\pi(\theta)$ を覆う候補分布 $q(\theta)$ を見つけ出すことが容易でない場合が多いことである．

5.2.3 間接法——インポータンスサンプリング——

いま，ターゲット分布 $\pi(\theta)$ からのサンプリングを行う際に，これを近似する密度関数 $g(\theta)$ があり，これからの独立なサンプリングは容易である場合に，これを参照してサンプリングする方法はインポータンスサンプリング (importance sampling) 法 (Hammersley and Handscomb,1964; Geweke, 1989) とよばれる.

つまり, $\left\{\theta^{(1)},\theta^{(2)},...,\theta^{(N)}\right\} \sim g(\theta)$ としたとき, ウェイト関数 $\omega(\theta)=\frac{\pi(\theta)}{g(\theta)}$ を用いて

$$E[f(\theta)]=\int f(\theta)\pi(\theta)d\theta=\int f(\theta)\left[\frac{\pi(\theta)}{g(\theta)}\right]g(\theta)d\theta=\int f(\theta)[\omega(\theta)g(\theta)]d\theta \tag{5.14}$$

と書く. いま, $[\omega(\theta)g(\theta)]$ を新しい密度関数のカーネル部分とみなし, 全領域で積分して 1 となるように定数項 $\int\omega(\theta)g(\theta)d\theta$ で基準化して, 次の表現を得る.

$$E[f(\theta)]=\frac{\int f(\theta)[\omega t(\theta)g(\theta)]d\theta}{\int\omega(\theta)g(\theta)d\theta}\approx\frac{\frac{1}{N}\sum_{i=1}^{N}f(\theta^{(i)})\omega(\theta^{(i)})}{\frac{1}{N}\sum_{i=1}^{N}\omega(\theta^{(i)})} \tag{5.15}$$

ここで, $g(\theta)$ はインポータンス関数 (importance function) とよばれる.

インポータンスサンプリングによってターゲット分布 $\pi(\theta)$ を評価するには, 次のステップに従う.

> インポータンスサンプリング法
>
> $\omega(\theta)=\frac{\pi(\theta)}{g(\theta)}$ として
>
> 1. $\theta^{(i)} \sim q(\theta)$ から, 独立な N 個の標本 $\left\{\theta^{(1)},...,\theta^{(N)}\right\}$ をサンプリングする.
> 2. $\left\{\theta^{(1)},...,\theta^{(N)}\right\}$ から $\frac{\omega(\theta^{(i)})}{\sum_{k=1}^{N}\omega(\theta^{(k)})}$ の重みで $\left\{\theta^{(1)*},...,\theta^{(N)*}\right\}$ をサンプリングし, その経験分布関数を推定値とする.

証明：いま, N を大きくすると下記が成り立つ.

$$\Pr\{\theta\le c\}=\frac{\sum_{\theta^{(k)}\le c}\omega(\theta^{(k)})}{\sum_{i=1}^{N}\omega(\theta^{(i)})}=\frac{\frac{1}{N}\sum_{\theta^{(k)}\le c}\pi(\theta^{(k)})/g(\theta^{(k)})}{\frac{1}{N}\sum_{i=1}^{N}\pi(\theta^{(i)})/g(\theta^{(k)})} \tag{5.16}$$

$$\to\frac{\int_{-\infty}^{c}\left[\pi(\theta)/g(\theta)\right]g(\theta)d\theta}{\int\left[\pi(\theta)/g(\theta)\right]g(\theta)d\theta}=\int_{-\infty}^{c}\pi(\theta)d\theta \qquad ■$$

この方法の欠点は, 適切な候補分布 $g(\theta)$ の選択が容易に行えないことである.

上記 5.2.2 項および 5.2.3 項に代表されるこれらのモンテカルロ法は, 求める

分布からの乱数抽出が容易ではなかったり，また参照とする分布を見つけるのが難しかったり，さらにこれらの手法はパラメータ次元が大きいときには非効率的となるために，その利用は広範に及ぶものとはいえなかった．しかし，次節でみるマルコフ連鎖モンテカルロ法は，適用範囲がきわめて広く，近年ベイズ統計の応用のエンジンとなっている．

5.3　繰返しモンテカルロ法：マルコフ連鎖モンテカルロ

5.2 節の手法は，パラメータ次元が大きいときには非効率的となる．それに対して，繰返しシミュレーション法の一つのクラスである MCMC 法は，高次元パラメータをもつ複雑なモデルに対する一般的な解法として展開され，急速にさまざまな分野で応用されてきている．MCMC 法は，事後分布に従う必ずしも独立でない標本からエルゴード性を有するマルコフ連鎖をシミュレートする方法であり，その代表的アルゴリズムとしてギッブスサンプリングやメトロポリス–ヘイスティングスサンプリングがある．

事後分布評価にこれらを適用する最大の特徴として下記があげられる．

MCMC 法の特徴

1) 任意の事後分布に対して適用可能であること（Tierney, 1994 の条件：パラメータ空間上で $p(\theta|y) > 0$ であればよい）
2) 収束が速いこと
3) サンプリングが容易であること

これらのアルゴリズムの理解の基礎となるのが，確率変数の系列に対して定義されるマルコフ連鎖である．

5.3.1　マルコフ連鎖の定義

マルコフ連鎖

確率変数の系列 $\{X_0, X_1, ..., X_t\}$ に対して，その実現値 $\{x_0, x_1, ..., x_t\}$ が与えられたときの X_{t+1} の確率分布が直近の x_t を与えたときの確率分布

に等しく，これ以前の値に依存しないとき，つまり

$$\Pr\{X_{t+1} \in A|x_0, x_1, ..., x_t\} = \Pr\{X_{t+1} \in A|x_t\} \tag{5.17}$$

が成り立つとき，系列 $\{X_0, X_1, ..., X_t, ...\}$ は**マルコフ連鎖** (Markov chain) であるといわれる．

5.3.2 離散型のマルコフ連鎖

いま，X_t が離散確率変数で，$X_t = 1$ または $X_t = 2$ のいずれかの値をとる場合を考える．これを状態 $S = \{1,2\}$ の場合という．そのとき，時間 t から $t+1$ へ推移する場合を考え，t 期に $X_t = i$ であるとき，$t+1$ 期に $X_{t+1} = j$ となる確率を

$$\Pr\{X_{t+1} = j|X_t = i\} = p_{ij} \tag{5.18}$$

とする．この場合のように，条件付確率が時間 t に依存しない，つまり上記の p_{ij} が p_{ijt} とならないとき，マルコフ連鎖は斉時的（homogeneous）といわれ，MCMC ではこれを仮定する．このとき，p_{ij} によって定義される行列 P

$$P = \begin{bmatrix} p_{11} & p_{12} \\ p_{21} & p_{22} \end{bmatrix} = \begin{bmatrix} 1-p_{12} & p_{12} \\ p_{21} & 1-p_{21} \end{bmatrix} \tag{5.19}$$

は**確率推移行列** (probability transition matrix) とよばれ，各行は t 期の各状態 i から $t+1$ 期のすべての可能な状態 $\{1,2\}$ へ遷移する確率 $[p_{i1}, p_{i2}]$ を表しており，$p_{i1} + p_{i2} = 1$ となっている．

また，$X_t = j$ となる無条件確率を

$$\Pr\{X_t = j\} = \pi_t^{(j)}, \quad j = 1, 2;\ \pi_t^{(1)} + \pi_t^{(2)} = 1 \tag{5.20}$$

とし，これを状態 S に関する t 期の確率分布 $\pi_t = (\pi_t^{(1)}, \pi_t^{(2)})'$ と書く．ここで，無条件確率は t に依存する形をとるが，これは推移確率が t に依存せず，斉時的とする仮定（式 (5.18)）と矛盾しない．

いま，初期値 π_0 からスタートした場合の分布の推移をみてみよう．t 期から $t+1$ 期への確率分布の変化は，条件付確率を周辺（または無条件）確率で期待

値をとることにより，次で与えられる．

$$\Pr\{X_{t+1}=j\}=\sum_{i=1}^{2}\Pr\{X_t=i\}\Pr\{X_{t+1}=j|X_t=i\} \tag{5.21}$$

つまり

$$\pi_{t+1}^{(j)}=\sum_{i=1}^{2}\pi_t^{(i)}p_{ij}=\pi_t^{(1)}p_{1j}+\pi_t^{(2)}p_{2j} \tag{5.22}$$

である．これを行列でまとめると，$p_{i1}+p_{i2}=1$ の性質から

$$\begin{bmatrix}\pi_{t+1}^{(1)}\\ \pi_{t+1}^{(2)}\end{bmatrix}=\begin{bmatrix}1-p_{12} & p_{12}\\ p_{21} & 1-p_{21}\end{bmatrix}\begin{bmatrix}\pi_t^{(1)}\\ \pi_t^{(2)}\end{bmatrix} \tag{5.23}$$

の関係がある．これをベクトルと行列で表せば，

$$\pi_{t+1}=P\pi_t \tag{5.24}$$

と書ける．初期値 π_0 を所与として，$t=1,t=2,\ldots$ と順次時間を進めていけば，

$$\pi_1=P\pi_0,\quad \pi_2=P\pi_1=P\left(P\pi_0\right)=P^2\pi_0,\quad \pi_3=P^3\pi_0,\ldots \tag{5.25}$$

と確率分布が推移していき，q ステップ目の確率分布は

$$\pi_q=P^q\pi_0 \tag{5.26}$$

で与えられることがわかる．これは，q を大きくしたときに初期値に依存しない π に収束するとき，つまり

$$\lim_{q\to\infty}\pi_q=\lim_{q\to\infty}P^q\pi_0=\pi \tag{5.27}$$

のとき，π を不変分布 (invariant distribution) あるいは定常分布 (stationary distribution) とよぶ．

また，このとき確率推移行列 P の各要素 p_{ij} のすべてがゼロとならない性質，つまり $p_{ij}>0$ であることは非既約的 (irreducible) であるといわれ，「確率推移行列 P が非既約的であるとき，定常分布 π が存在する」ことが知られている．これは，状態空間 S のすべてを動き回ることができる性質と大雑把に理解できる．いま逆に，p_{ij} の一つがゼロである場合，たとえば $p_{21}=0$ （この

とき $p_{22}=1$）である確率推移行列 $\begin{bmatrix} p_{11} & p_{12} \\ 0 & p_{22}(=1) \end{bmatrix}$ を考えてみると，これは状態 2 から状態 1 へは確実に移動しないことを意味し，状態 2 に吸収されてしまう状況を表している．

定常分布からスタート ($\pi_0=\pi$) すれば，$\pi=P\pi$ の関係があることは明らかであろう．

いま，状態 i から状態 j へ推移する関係の時間順序を逆にし，状態 j から状態 i へ推移する連鎖を逆連鎖 (reversed chain) とよぶ．この逆連鎖もまたマルコフ連鎖であることが知られている．逆連鎖の推移確率は，ベイズの定理から

$$p_{ji}^{*}=\frac{\pi^{(i)}p_{ij}}{\pi^{(j)}} \tag{5.28}$$

で与えられる．i をパラメータ，j をデータ $\mathbf{y}$ として置き換えると，p_{ij} は尤度関数，$\pi^{(i)}$ は事前分布と考えればよい．

$p_{ji}^{*}=p_{ji}$ であるとき，マルコフ連鎖は可逆的 (time reversible) であるといわれる．

このとき

$$\pi^{(j)}p_{ji}=\pi^{(i)}p_{ij} \tag{5.29}$$

が成り立ち，これは $i\Rightarrow j$ への推移する確率が $j\Rightarrow i$ へ推移する確率と釣合いがとれている状況と理解できる．いま，可逆的マルコフ連鎖に対してある確率分布 $\pi^{*}=(\pi^{(1)^{*}},\pi^{(2)^{*}})'$ を考えると，$\pi^{(j)^{*}}p_{ji}=\pi^{(i)^{*}}p_{ij}$ であることから

$$\sum_{j=1}^{2}\pi^{(j)^{*}}p_{ji}=\sum_{j=1}^{2}\pi^{(i)^{*}}p_{ij}=\pi^{(i)^{*}}\sum_{j=1}^{2}p_{ij}=\pi^{(i)^{*}} \tag{5.30}$$

つまり

$$\begin{bmatrix} \pi^{(1)^{*}} \\ \pi^{(2)^{*}} \end{bmatrix}=\begin{bmatrix} p_{11} & p_{12} \\ p_{21} & p_{22} \end{bmatrix}\begin{bmatrix} \pi^{(1)^{*}} \\ \pi^{(2)^{*}} \end{bmatrix} \quad \text{あるいは} \quad \pi^{*}=P\pi^{*} \tag{5.31}$$

が成り立ち，$\pi^{*}=\pi$ となることから，不変性と可逆性は同値であることがわかる．

上記の性質は，二つの状態から有限個の状態 $S=\{1,2,...,M\}$ へ拡張しても成立する．

数値例

$P = \begin{bmatrix} 1/4 & 3/4 \\ 3/8 & 5/8 \end{bmatrix}$ および $\pi^* = (1/3, 2/3)'$ のとき，$\pi^{(1)^*} p_{12} = (1/3)(3/4) = 3/12$ および $\pi^{(2)^*} p_{21} = (2/3)(3/8) = 3/12$ で可逆的であり，このとき $\begin{pmatrix} 1/3 \\ 2/3 \end{pmatrix} = \begin{bmatrix} 1/4 & 3/4 \\ 3/8 & 5/8 \end{bmatrix} \begin{pmatrix} 1/3 \\ 2/3 \end{pmatrix}$ つまり $\pi^* = P\pi^*$ となり，不変分布となっている．

一般に，2 状態のマルコフ連鎖の場合，不変分布 $\pi^* = (\pi^{(1)^*}, \pi^{(2)^*})$ が存在するとき，$\pi^{(2)^*} = 1 - \pi^{(1)^*}$ であることから，

$$\begin{bmatrix} \pi^{(1)^*} \\ 1 - \pi^{(1)^*} \end{bmatrix} = \begin{bmatrix} 1 - p_{12} & p_{12} \\ p_{21} & 1 - p_{21} \end{bmatrix} \begin{bmatrix} \pi^{(1)^*} \\ 1 - \pi^{(1)^*} \end{bmatrix}$$

であり

$$\begin{bmatrix} \pi^{(1)^*} \\ 1 - \pi^{(1)^*} \end{bmatrix} = \begin{bmatrix} \frac{p_{12}}{p_{12}+p_{21}} \\ \frac{p_{21}}{p_{12}+p_{21}} \end{bmatrix} \tag{5.32}$$

となることが容易に確認できる．

5.3.3　連続状態空間への拡張

状態 S が連続である場合も，離散型状態空間の類推で議論ができる．状態 S のとりうる空間を Θ とし，現在 $\theta \in \Theta$ の状態にいるときに $A \in \Theta$ へ推移する確率は，その条件付確率を $p(\varphi|\theta)$ としたとき，

$$K(\theta, A) = \int_A p(\varphi|\theta) d\varphi \tag{5.33}$$

で表される．これは**推移カーネル** (transition kernel) とよばれる．離散型マルコフ連鎖で定義した不変分布を $\pi(\theta)$ としたとき，式 (5.27) と同じように不変性

$$\int_A \pi(\theta) d\theta = \int_\Theta K(\theta, A) \pi(\theta) d\theta \tag{5.34}$$

が成り立つ．

式 (5.29) に対応した可逆性条件は

$$\pi(\theta) p(\varphi|\theta) = \pi(\varphi) p(\theta|\varphi) \tag{5.35}$$

と表される．このとき，不変性条件 (5.34) の右辺に式 (5.33) を代入したもの

$$\begin{aligned}\int_\Theta \pi(\theta)K(\theta,A)\,d\theta &= \int_\Theta \pi(\theta)\left[\int_A p(\varphi|\theta)d\varphi\right]d\theta \\ &= \int_\Theta\int_A p(\varphi|\theta)\pi(\theta)d\theta d\varphi\end{aligned} \tag{5.36}$$

に可逆性の条件（式 (5.35)）を代入すれば，

$$\begin{aligned}\int_\Theta\int_A p(\varphi|\theta)\pi(\theta)d\varphi d\theta &= \int_A\int_\Theta p(\theta|\varphi)\pi(\varphi)d\theta d\varphi \\ &= \int_A \pi(\varphi t)\left[\int_\Theta p(\theta|\varphi)d\theta\right]d\varphi = \int_A \pi(\varphi)d\varphi\end{aligned} \tag{5.37}$$

となり，不変性の条件（式 (5.34)）を満たしていることがわかる.

$\int_A \pi(\theta)d\theta > 0$ であれば $K^r(\theta, A) > 0$ であり，r 回の繰返しで領域 A へ移動する正の確率をもち，非既約性をもつことが示される.

5.3.4 ギッブスサンプリング

5.2 節で解説した直接法によるモンテカルロ法は，確率分布からの独立なサンプリングが基礎であったが，これらのサンプリング系列は必ずしも独立である必要はなく，系列的に相関のあるサンプリングに対してモンテカルロ法を適用するのが MCMC 法であった．具体的には，初期値 θ_0 を与件として，$\{p(\theta_i|\theta_{i-1})\}$，すなわち $p(\theta_1|\theta_0), p(\theta_2|\theta_1), ..., p(\theta_t|\theta_{t-1})$ のそれぞれから得られるサンプリング系列 $\{\theta_0, \theta_1, ..., \theta_t\}$ はマルコフ連鎖である．ギッブスサンプリングは，これを用いて $\theta = (\theta_1, ..., \theta_k)$ の k 次元分布を評価する方法であり，完全条件付分布 (full conditional distribution) が利用できる場合のアルゴリズムである.

完全条件付分布は，他のパラメータを条件付きにしたときの各パラメータの条件付分布であり，

$$\begin{cases} h(\theta_1\,|\theta_2, ..., \theta_k) \\ h(\theta_2\,|\theta_1, \theta_3, \theta_4, ..., \theta_k) \\ \qquad\vdots \\ h(\theta_j\,|\theta_1, ..., \theta_{j-1}, \theta_{j+1}, ..., \theta_k) \\ \qquad\vdots \\ h(\theta_k\,|\theta_1, ..., \theta_{k-1}) \end{cases} \tag{5.38}$$

で定義される．以下では，$\theta_{-j}^{(i-1)} \equiv (\theta_1^{(i)}, ..., \theta_{j-1}^{(i)}, \theta_{j+1}^{(i-1)}, ..., \theta_k^{(i-1)})'$ として，必要に応じて簡潔に $\{h(\theta_j^{(i)}|\theta_{-j}^{(i-1)}), j = 1, ..., k\}$ とも書く．ギッブスサンプリングは，θ の完全条件付分布が既知で，それぞれの条件付分布からのサンプリングが容易であるときのアルゴリズムであり，次のステップに従う．

ギッブスサンプリング

1. 初期値 $\left\{\theta_1^{(0)}, ..., \theta_k^{(0)}\right\}$ の設定
2. 繰返し

$$\left\{\begin{array}{l} \theta_1^{(1)} \sim h(\theta_1|\theta_2^{(0)}, ..., \theta_k^{(0)}) \\ \theta_2^{(1)} \sim h(\theta_2|\theta_1^{(1)}, \theta_3^{(0)}, ..., \theta_k^{(0)}) \\ \vdots \\ \theta_k^{(1)} \sim h(\theta_k|\theta_1^{(1)}, ..., \theta_{k-1}^{(1)}) \end{array}\right. \quad \text{からスタートし，一般に}$$

$$\left\{\begin{array}{l} \theta_1^{(i)} \sim h(\theta_1|\theta_{-1}^{(i-1)}) \\ \qquad\qquad \vdots \\ \theta_j^{(i)} \sim h(\theta_j|\theta_{-j}^{(i-1)}), \quad i > 1 \text{ とする．} \\ \qquad\qquad \vdots \\ \theta_k^{(i)} \sim h(\theta_k|\theta_{-k}^{(i-1)}) \end{array}\right. \tag{5.39}$$

3. これを N 回繰り返す．

図 5.2 では，2 次元の場合のサンプリングのイメージを図にしている．

このアルゴリズムは推移カーネル（候補分布）

$$K\left(\theta^{(i-1)}, \theta^{(i)}\right) = \prod_{j=1}^{k} h\left(\theta_j^{(i)} \middle| \theta_{-j}^{(i-1)}\right) \tag{5.40}$$

を形成し, $N \to \infty$ のとき緩い条件の下で標本の系列 $\{(\theta_1^{(i)}, ..., \theta_k^{(i)}), i = 1, ..., N\}$ が不変分布 $h(\theta)$ からの標本に収束し，標本の経験分布（ヒストグラム）が同時事後分布の近似となる．Geman and Geman(1984) ではこの収束が指数関数的に収束することを示し，Gelfand and Smith(1990) では，さまざまな統計モデルにギッブスサンプリングが適用できることを示している．

標本系列 $\{(\theta_1^{(i)}, ..., \theta_k^{(i)}), i = 1, ..., N\}$ の経験分布は，$N \to \infty$ のとき不変分布としての同時分布 $h(\theta_1, ..., \theta_k)$ へ収束する．また，この経験分布の一部

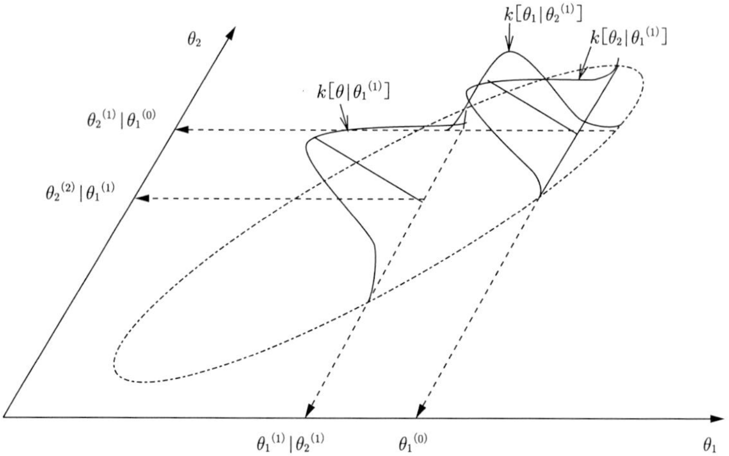

図 **5.2** ギップスサンプリングのイメージ

$\{\theta_j^{(i)}, i=1,...,N\}$ を取り出して評価すれば，周辺分布 $p(\theta_j)$ の推定値が求められる．

ギップスサンプリングに基づく MCMC 法は，条件付分布の階層構造からつくられるモデルに最適である．第 10 章で説明する階層回帰モデルは，これら条件付分布が閉じた形で得られるクラスの統計モデルであるので，ギップスサンプリングが有用な事後分布評価法となる．

例：正規母集団の同時事後分布

次の図 5.3 では，ある正規母集団から 15 個の観測値 $\mathbf{y}$ を得た場合のパラメータ (μ, σ^2) の事後分布をギップスサンプリングを用いて評価する．その際の事前分布は

$$\mu \sim N(\mu_0, \sigma_0^2), \quad \sigma^2 \sim IG(r_0/2, s_0/2) \tag{5.41}$$

を仮定する．ギップスサンプリングのためには，条件付事後分布 $p(\mu|\sigma^2, \mathbf{y})$ および $p(\sigma^2|\mu, \mathbf{y})$ が必要であり，これらはそれぞれ

$$\mu|\sigma^2, \mathbf{y} \sim N\left(w\bar{y} + (1-w)\mu_0, w\frac{\sigma^2}{n}\right) \tag{5.42}$$

$$\sigma^2|\mu, \mathbf{y} \sim IG\left((r_0+15)/2, \left(s_0 + \sum_{i=1}^{15}(y_i-\mu)^2\right) \Big/ 2\right) \tag{5.43}$$

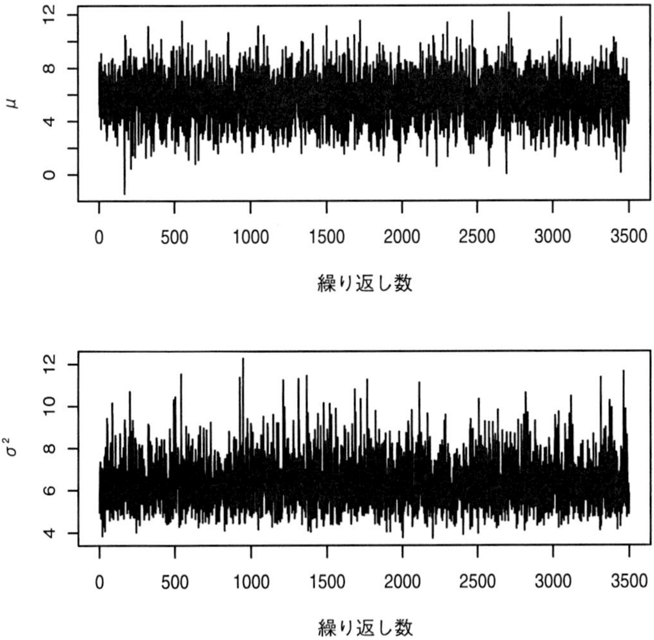

図 **5.3** サンプリング系列

と求まる．ここで $w = \frac{\sigma_0^2}{\sigma_0+\sigma^2/n}$ である．次には事前分布のパラメータには $\mu_0 = 0$, $\sigma_0^2 = 100$, $r_0 = 0.01$, $s_0 = 100$ と設定した．これは事前には平均がゼロであることを事前に仮定しているが，分散が大きく設定しているので確信の度合いは低く，散漫な事前分布を表している．また分散についても同様である．

R による正規母集団のギッブスサンプリング

```
> Gibbs sampler for non conjugate Normal-Gamma
> y <-c(1.53,19.02,5.34,-2.16,0.83,6.74,5.53,
+ 0.65,-0.49,-0.08,5.31,3.18,7.19,4.23,6.45)
> my <-mean(y); n <-length(y)
> iterations<-3500
> m0 <-0;s0<-100;a0<-0.01;b0<-0.01
```

```
> theta<-matrix(nrow=iterations,ncol=2)
> cur.mu<-0;cur.tau<-1
> cur.s<-sqrt(1/cur.tau)
> for (t in 1:iterations){
>  w<-s0^2/(cur.s^2/n+s0^2)
> m<-w*my + (1-w)*m0
> s<-sqrt(w+cur.s^2/n)
> cur.mu<-rnorm(1,m,s)
> a<-a0+0.5*n
> b<-b0+0.5*sum((y-cur.mu)^2)
> cur.tau<-rgamma(1,a,b)
> cur.s<-sqrt(1/cur.tau)
> theta[t,]<-c(cur.mu,cur.s) }
> op<-par(mfrow=c(2,1))
> p=1:iterations
> plot(p,theta[,1],type="l",main="mu",xlab=" iteration",
+ ylab="mu",lty=1,lwd=1);
> plot(p,theta[,2],type="l",main="sigma",xlab=" iteration",
+ ylab="sigma",lty=1,lwd=1);
> par(op)
```

図 5.3 は，繰返し回数を 3500 としたときの μ と σ^2 のサンプリング系列のグラフである．いずれも初期から早い段階で定常状態に入っていることがわかる．事後分布のサンプリングの系列のうちはじめの 500 個をバーンイン (burn in) 期間として除外し，残りの 3000 個 $\{\mu^{(501)}, ..., \mu^{(3500)}\}$ および $\{\sigma^{2(501)}, ..., \sigma^{2(3500)}\}$ をヒストグラムにすると図 5.4 が得られる．2 乗の損失関数を仮定した場合のベイズ推定値は平均値で $\hat{\mu} = 4.548$, $\hat{\sigma}^2 = 6.207$ と計算できる．

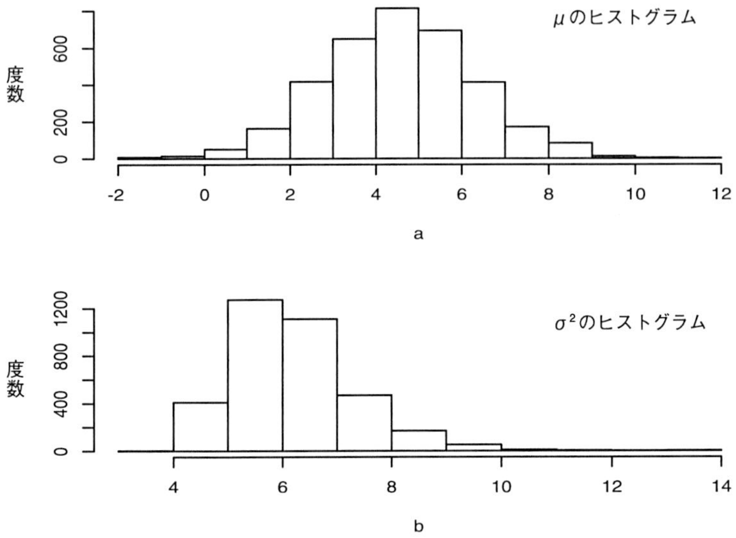

図 **5.4**　事後分布

5.3.5　メトロポリス–ヘイスティングス (M–H) サンプリング

実際の統計モデリングにおいては，ギッブスサンプリングが前提とする完全条件付分布が必ずしも得られない状況が数多く存在する．このような場合にも適用できるサンプリング法として，メトロポリス–ヘイスティングス (Metropolis–Hastings) サンプリングがある．この手法は，マルコフ連鎖の可逆性条件を手がかりにサンプリングを行う．一般的なアルゴリズムは，次のように与えられる．

メトロポリス–ヘイスティングス (M–H) サンプリング

1. 候補分布 (推移カーネル) からのサンプリング

$$\theta \sim q\big(\theta^{(i-1)}, \cdot\big) \tag{5.44}$$

2. 採用確率の評価

$$\alpha\big(\theta^{(i-1)}, \theta\big) = \min\left\{\frac{\pi(\theta)q(\theta, \theta^{(i-1)})}{\pi(\theta^{(i-1)})q(\theta^{(i-1)}, \theta)}, 1\right\} \tag{5.45}$$

3. サンプリング

一様乱数 $u \sim U_{[0,1]}$ をサンプリングし，$u \leq \alpha\big(\theta^{(i-1)}, \theta\big)$ のとき，これを採用して $\theta^{(i)} = \theta$ とし，これ以外は $\theta^{(i)} = \theta^{(i-1)}$ として採用しない

以下では，このアルゴリズムの合理性を，5.3.1 項の離散マルコフ連鎖の議論を拡張して解説する．

まず，x から A のある点 y へ移動する条件付確率を表す推移カーネル $K(x, A)$ に関して，

$$\pi(y) = \int K(x,y)\pi(x)dx \tag{5.46}$$

によって，不変分布または定常分布の密度関数が定義される．MCMC では，定数項を除いてターゲット分布 $\pi(\cdot)$ が既知であり，$K(x, A)$ が未知であることが一般的である．そこで，下記に示す一定の条件を課し，これを満たす $K(x, A)$ を探す．その際，$\pi(\cdot)$ が不変分布の密度関数となるための十分条件

$$\pi(x)K(x,y) = \pi(y)K(y,x) \tag{5.47}$$

を用いる．この左辺は $x \Rightarrow y$ へ移動する無条件確率 $\pi(x)f_x(y|x)$，右辺は $y \Rightarrow x$ へ移動する無条件確率 $\pi(y)f_y(x|y)$ をそれぞれ表している．これは，定常状態においては “x から y” へ移動する割合と “y から x” へ移動する割合が同じであることを意味し，前述の可逆性条件を表している．M–H アルゴリズムは，この条件を満たす $K(x, y)$ を探すものである．

まず，候補分布 $q(x, y)(\int q(x,y)dy = 1)$ を考え，いま

$$\pi(x)q(x,y) > \pi(y)q(y,x) \tag{5.48}$$

となっているとき，式 (5.48) が等号となる調整メカニズムを考える．つまり，“$x \to y$” となる回数 (確率) を減少させるよう移動の確率 (probability of move) $\alpha(x, y) < 1$ を導入して，候補分布に掛けることで候補分布を調整する．

$$p_{\mathrm{MH}}(x,y) = q(x,y) \times \alpha(x,y) (< q(x,y) : \text{調整後の候補分布}) \tag{5.49}$$

また，さらに式 (5.48) の右辺も同時に最大化したい．そのために $\alpha(y, x)$ を導入するが，これは式 (5.47) のときに最大で 1 となる．つまり，

$$\begin{aligned}\pi(x)q(x,y)\alpha(x,y) &= \pi(y)q(y,x) \times \alpha(y,x) \\ &= \pi(y)q(y,x)\end{aligned} \tag{5.50}$$

により，

$$\alpha(x,y) = \frac{\pi(y)q(y,x)}{\pi(x)q(x,y)} \tag{5.51}$$

となる．したがって，$p_{\mathrm{MH}}(x,y)$ が可逆的，つまり式 (5.48) が等号で成り立つためには

$$\alpha(x,y) = \min\left\{\frac{\pi(y)q(y,x)}{\pi(x)q(x,y)}, 1\right\} \tag{5.52}$$

と決めればよい．

M–H サンプリングの直感的理解としては，状態空間上での移動は，原則として確率の高いほうへ向かって進むが，つねに高いほうへ向かっていくと極値のところで移動をやめることになり，すべての状態空間上を動き回らない．そこで M–H アルゴリズムは，基本的には確率の高いほうへ移動するが，確率 $\alpha(x,y)$ でときどきは確率の低いほうへも移動して，すべての状態空間を動き回る仕組みをもつ方法といえる．

次に，代表的な二つのアルゴリズムである，ランダムウォークアルゴリズムおよび独立連鎖アルゴリズムを紹介する．

(i) ランダムウォーク (random walk) アルゴリズム

パラメータの更新は，下記のランダムウォークで行われる．

$$\theta' = \theta + \mathbf{z} \tag{5.53}$$

ここで，$\mathbf{z}$ は $\varphi(\mathbf{z})$ からのサンプルで，$\varphi(\mathbf{z})$ として正規分布などが使われる．この場合，提案分布（推移カーネル）は $q(\theta,\theta') = \varphi(\mathbf{z}) = \varphi(\theta' - \theta)$ であり，採用確率は

$$\alpha(\theta,\theta') = \min\left\{\frac{\pi(\theta')\varphi(\theta - \theta')}{\pi(\theta)\varphi(\theta' - \theta)}, 1\right\} \tag{5.54}$$

となる．いま，$\varphi(\mathbf{z})$ として正規分布など対称な候補分布を考えると，$\varphi(\theta - \theta') = \varphi(\theta' - \theta)$ であることから，採用確率は

$$\alpha(\theta,\theta') = \min\left\{\frac{\pi(\theta')}{\pi(\theta}, 1\right\} \tag{5.55}$$

と表される．この場合を特にメトロポリスアルゴリズムとよぶ．これをパラメータの同時事後分布の評価問題としてみた場合は，ターゲット分布 $\pi(\theta)$ を条件付事後分布として考える．このとき，このアルゴリズムは，$\theta \to \theta'$ へ推移する際に，$\pi(\theta')/\pi(\theta) \geq 1$ の場合は事後確率の大きいほうへ向かってゆき，$\pi(\theta')/\pi(\theta) < 1$ の場合は事後確率の低いほうへも確率 $\alpha(\theta, \theta') = \pi(\theta')/\pi(\theta)$ で移動して状態の推移を行うことを意味する．

またこのアルゴリズムの場合，式 (5.52) の採用確率の調整（チューニング）を行うことが必要である．いま，θ が 1 次元，したがって $\varphi(\mathbf{z})$ が一変量正規分布 $N(0, \sigma^2)$ である場合，σ^2 をあらかじめ，たとえば $\sigma^2 = 100$ と固定してアルゴリズムを作動させる必要がある．その場合，固定された σ^2 の値によって採用確率 $\alpha(\theta, \theta')$ が異なってくる．σ^2 が小さいと $\theta \to \theta'$ の動き方が小さくなり，採用確率 $\alpha(\theta, \theta')$ は 1 に近くなる．

この場合，サンプリングの効率は高くなるが，可能な状態空間を動き回るには時間がかかったり，あるいは一部の領域にとどまってしまう．逆に，σ^2 が大きいと $\theta \to \theta'$ の動き方が大きくなり，状態空間を大きく動き回るが，採用確率 $\alpha(\theta, \theta')$ は小さくなり，サンプリング効率は減少する．つまり，採用確率は大きすぎても小さすぎても好ましくない．経験的には，$\alpha(\theta, \theta') = 0.4$ 程度になるように σ^2 の値を調整するのがよいとされている．この意味で，提案分布 $\varphi(\mathbf{z})$ のパラメータ σ^2 をランダムウォークアルゴリズムのチューニングパラメータとよぶ．

(ii)　独立連鎖 M–H アルゴリズム

推移カーネル（提案分布）が前のサンプルに依存しない性質をもつアルゴリズム

$$q(\theta, \theta') = \varphi(\theta') \tag{5.56}$$

は独立連鎖 M–H アルゴリズムとよばれる．これは，採用確率が

$$\alpha(\theta, \theta') = \min\left\{\frac{\pi(\theta')\varphi(\theta)}{\pi(\theta)\varphi(\theta')}, 1\right\} \tag{5.57}$$

と変わるだけで，ランダムウォークアルゴリズムと他は同じである．

MCMC の他の条件として，非既約性 (irreducibility) および非周期性（aperiodicity）がある．前者は，初期値にかかわらず連鎖があらゆる場所へ推移す

る正の確率をもつこと，後者は連鎖が周期性をもたず同じ経路を循環しないことがあるが，いずれも緩やかな条件であり，通常のモデリングにおいてはほとんど制約にはならない．

5.3.6 事後分布の MCMC 評価

いま，尤度関数 $p(\mathbf{y}|\theta)$ および事前分布 $p(\theta)$ から規定される事後分布 $p(\theta|\mathbf{y}) \propto p(\mathbf{y}|\theta)p(\theta) \equiv \pi(\theta)$ を評価する問題を考え，候補分布からのサンプリングを $\theta' \sim q(\theta, \theta')$ としたとき，それぞれのサンプリング法の構造をみてみよう．

1）ランダムウォークサンプリング

対称な候補分布を採用した場合は $q(\theta', \theta) = q(\theta, \theta')$ であるので，採用確率は

$$\alpha(\theta, \theta') = \min\left\{\frac{p(\mathbf{y}|\theta')p(\theta')}{p(\mathbf{y}|\theta)p(\theta)}, 1\right\} \tag{5.58}$$

と規定され，事後確率の比が採用確率となる．

2）独立連鎖 **M–H** サンプリング

候補分布を事前分布 $p(\theta)$ とした場合，$\theta' \sim q(\theta, \theta') = \varphi(\theta') = p(\theta')$ であり，採用確率

$$\alpha(\theta, \theta') = \min\left\{\frac{p(\mathbf{y}|\theta')p(\theta')}{p(\mathbf{y}|\theta)p(\theta)} \cdot \frac{p(\theta)}{p(\theta')}, 1\right\} = \min\left\{\frac{p(\mathbf{y}|\theta')}{p(\mathbf{y}|\theta)}, 1\right\} \tag{5.59}$$

となり，尤度関数の比が採用確率となる．

3）ギッブスサンプリングと **M–H** サンプリングの混合

これまで，完全条件付分布が得られる場合はギッブスサンプリングが，また完全条件付分布が必ずしも得られない場合にはメトロポリス–ヘイスティングスサンプリングが利用できることをみた．前者が完全条件付分布の得られる場合に限定されるのに対して，後者は汎用性をもつ．しかし，採用確率の仕組みからして，採用されないサンプリングがあることにより計算効率は悪くなる．したがって，両者の長所と短所を活かしたサンプリング法を行うことが有益である．

実際，多くの応用事例では，すべてのパラメータについて完全条件付分布が得られることは必ずしも期待できず，特にモデルが革新的であれ

ばあるほど，（条件付）共役事前分布の世界から乖離し，必然的に汎用性の高い M–H サンプリングに頼らざるを得ない状況が生じる．このような場合の有効な戦略は，二つのサンプリング手法を組み合わせ，計算効率の高いギッブスサンプリングが適用できるパラメータについてはすべてこれを利用し，適用できないパラメータに関するサンプリングについて M–H サンプリングを適用するという混合戦略である．

ギッブスとメトロポリス–ヘイスティングスサンプリングの混合

つまり，$\theta = (\theta_1, ..., \theta_k)$ の k 次元分布に対して，j 番目のパラメータに関する条件付事後分布 $\theta_j^{(i)} \sim p(\theta_j | \theta_{-j}^{(i)}, \mathbf{y})$ からのサンプリングが容易でなく，他の $k-1$ 個のパラメータについてはサンプリングが容易な場合，

1. 初期値 $\{\theta_1^{(0)}, ..., \theta_k^{(0)}\}$ の設定
2. $$\begin{cases} \theta_1^{(i)} \sim p(\theta_1 | \theta_{-1}^{(i-1)}, \mathbf{y}) : \text{ギッブスサンプリング} \\ \quad \vdots \\ \theta_j^{(i)} \sim p(\theta_j | \theta_{-j}^{(i-1)}, \mathbf{y}) : \text{M–H サンプリング} \\ \quad \vdots \\ \theta_k^{(i)} \sim p(\theta_k | \theta_{-k}^{(i-1)}, \mathbf{y}) : \text{ギッブスサンプリング} \end{cases} \tag{5.60}$$

として繰り返す $(i > 1)$.

5.4 MCMC の収束判定法

マルコフ連鎖モンテカルロ法は，任意の初期値 $\theta^{(0)}$ からスタートして N 個のサンプリング系列 $\left\{\theta^{(1)}, ..., \theta^{(N)}\right\}$ が不変分布 $\pi(\theta)$ に収束する性質を利用する．その際，別の初期値 $\theta^{(0)*}$ から出発しても，同じ不変分布へ収束することを保障するものであり，これは，サンプリング系列のはじめの部分には選んだ初期値の影響が残るが，一定の系列の後から初期値に依存しない系列が得られることを意味する．

つまり MCMC では，サンプリング系列 $\left\{\theta^{(1)}, ..., \theta^{(M)}, \theta^{(M+1)}, ..., \theta^{(N)}\right\}$ のはじめの部分 $\left\{\theta^{(1)}, ..., \theta^{(M)}\right\}$ は設定した初期値に依存して変動する部分であり，

一定の系列発生後に初期値の影響が消える．したがって，設定した初期値の影響が及ぶはじめの部分を捨てて，これ以後のサンプリング系列 $\left\{\theta^{(M+1)},...,\theta^{(N)}\right\}$ を分布の評価に使用する．初期値に依存するはじめの部分 $\left\{\theta^{(1)},...,\theta^{(M)}\right\}$ はバーンイン (burn-in) とよばれる．本節ではバーンイン部分を捨てた以降の系列 $\left\{\theta^{(M+1)},...,\theta^{(N)}\right\}$ に基づく分布が不変分布に収束しているか否かを判断する方法についてみていく．これには，まず簡便法として，サンプリング系列の時系列プロットを作成し，初期値に依存してトレンドを伴って変動する部分とこれ以後一定のレベルで安定的（定常的）に変動している部分の境界をグラフにより判断する方法がある（グラフィカル法）．

このほか，サンプリング系列を前半と後半に分けてそれぞれのグループの平均が等しいかどうかを仮説検定する方法もあり，以下ではこれについて説明する．

平均値の差の検定：ゲヴェキ (Geweke) の判定法

Geweke(1992) は，MCMC のサンプリング系列の不変分布への収束判定法として，下記の検定法を提案している．これは，不変分布からのサンプリングとみなされる部分 $\left\{\theta^{(M+1)},...,\theta^{(N)}\right\}$ を前半 $\left\{\theta^{(M+1)},...,\theta^{(M+n_1)}\right\}$ と後半 $\left\{\theta^{(M+n_1+1)},...,\theta^{(N)}\right\}$ の二つに分け，これら 2 集団の平均の差の検定を行う．具体的には，それぞれの平均値を $\bar{\theta}_1 = \frac{1}{n_1}\sum_{i=M+1}^{M+n_1}\theta^{(i)}$ および $\bar{\theta}_2 = \frac{1}{N-M-n_1}\sum_{i=M+n_1+1}^{N}\theta^{(i)}$ としたとき，まず $\bar{\theta}_1$ の分散は

$$\mathrm{Var}(\bar{\theta}_1) = \frac{1}{n_1^2}\sum_{s=1}^{n_1}\sum_{t=1}^{n_1}\mathrm{Cov}(\theta_s,\theta_t) = \frac{1}{n_1^2}\sum_{s=1}^{n_1}\sum_{t=1}^{n_1}\gamma_{t-s} \tag{5.61}$$

であり，さらに $r=s-t$ とおくと

$$\mathrm{Var}(\bar{\theta}_1) = \frac{1}{n_1^2}\sum_{r=-(n_1-1)}^{n_1-1}(n_1-|r|)\gamma_r = \frac{1}{n_1}\sum_{r=-(n_1-1)}^{n_1-1}\left(1-\frac{|r|}{n_1}\right)\gamma_r \tag{5.62}$$

が得られる．ここで γ_r は r 次の自己共分散である．同様にして，$\bar{\theta}_2$ についても，$n_2 = N-M-n_1$ として $\mathrm{Var}(\bar{\theta}_2)$ が定義できる．

いま，二つの集団は漸近的に独立と仮定できるので，これらの性質を利用して，二つの集団の平均が等しいという帰無仮説を検定するのに，次の検定統計量を設定する．

$$G = \frac{\bar{\theta}_1 - \bar{\theta}_2}{\sqrt{\mathrm{Var}(\bar{\theta}_1) + \mathrm{Var}(\bar{\theta}_2)}} \tag{5.63}$$

N が大きいとき，G は標準正規分布 $N(0,1)$ に従う性質を用いて検定を行う．5%検定の場合には，標準正規分布の 2.5%臨界値 1.96 を用いて，$|G| \leq 1.96$ のとき帰無仮説を受容して収束の判断を行う．

実際には γ_r は未知であるので，推定値 $\hat{\gamma}_r$ を用いて

$$\hat{\mathrm{Var}}(\bar{\theta}_i) = \frac{1}{n_i} \sum_{r=-(n_i-1)}^{n_i-1} \left(1 - \frac{|r|}{n_i}\right) \hat{\gamma}_r \tag{5.64}$$

を式 (5.63) に代入して検定する．

Geweke(1992) では，もともと時系列解析における周波数領域で上記の議論を行っている．そこでは，自己相関係数と同じ情報をもつスペクトル密度関数を使い，$f_1(0)$ をスペクトル密度関数を原点 0 で評価したものとして

$$\lim_{n \to \infty} \sum_{r=-(n_1-1)}^{n_1-1} \left(1 - \frac{|r|}{n_1}\right) \gamma_r = \sum_{r=-\infty}^{\infty} \gamma_r = 2\pi f_1(0) \tag{5.65}$$

となることを利用して上記の検定を展開している．

漸近理論に基づく近似

MCMC 法が発展普及する以前は，事後分布評価に解析的近似法がしばしば利用された．その事後分布に対する解析的近似として，事後分布の対数をモード周りで展開し，正規分布で近似する方法がある．この正規近似は，$\hat{\theta}$ を事後分布のモードとして，事後分布を $\hat{\theta}$ 周りで 2 次まで展開し，

$$\log p(\theta|\mathbf{y}) \propto \log p(\widehat{\theta}|\mathbf{y}) + (\theta - \widehat{\theta})' \left.\frac{\partial \log p}{\partial \theta}\right|_{\widehat{\theta}} + \frac{1}{2}(\theta - \widehat{\theta})' \left.\frac{\partial^2 \log p}{\partial \theta \partial \theta'}\right|_{\widehat{\theta}} (\theta - \widehat{\theta}) \tag{5.66}$$

とし，$\hat{\theta}$ がモードであることから，$\left(\left.\frac{\partial \log p}{\partial \theta}\right|_{\widehat{\theta}}\right) = 0$ となることに注意して，次の近似を行うものである．

$$p(\theta|\mathbf{y}) \approx p(\widehat{\theta}|\mathbf{y}) \exp\left\{-\frac{1}{2}(\theta - \widehat{\theta})' \left[\left.\frac{\partial^2 \log p}{\partial \theta \partial \theta'}\right|_{\widehat{\theta}}\right](\theta - \widehat{\theta})\right\} \doteq N\left(\widehat{\theta}, \left[\frac{\partial^2 \log p}{\partial \theta \partial \theta'}\right]_{\widehat{\theta}}^{-1}\right) \tag{5.67}$$

さらに，Tieney and Kadane (1986) は，正規近似より優れた近似法として，ラプラス変換の形式的表現を利用したラプラス近似を提案した．MCMC 法が利用できる現在の状況では，これら解析的近似法の有用性は必ずしも高くはないが，一部のモデルでは計算効率性追及のために利用される場合がある．

5.5 確率分布からの乱数発生法

5.5.1 多変量正規分布

標準正規分布 $z \sim N(0,1)$ の乱数は，Excel など汎用ソフトにすでに組み込まれている．平均 μ，分散 σ^2 の正規分布 $N(\mu,\sigma^2)$ に従う変数 x の乱数は $x=\mu+\sigma z$ から得られることは容易に確認できる．

さらに，単位行列の分散共分散行列をもつ d 変量正規分布に従うベクトル $\mathbf{z}=(z_1,z_2,...,z_d)' \sim N_d(\mathbf{0},I_d)$ の乱数は，d 個の標準正規分布乱数を発生させて作成できる．さらに一般に，平均ベクトル μ，分散共分散行列 Σ をもつ d 変量正規分布 $N_d(\mu,\Sigma)$ の乱数は，$\Sigma=C'C$ となるコレスキー分解を用いて次の変換で発生させることができる．

$$\mathbf{x}=C'\mathbf{z}+\mu \tag{5.68}$$

このとき，$\mathbf{x}$ は平均 $E(\mathbf{x})=\mu$, 分散共分散行列

$$\mathrm{Cov}(\mathbf{x})=E\big[(\mathbf{x}-\mu)(\mathbf{x}-\mu)'\big]=C'E(\mathbf{z}\mathbf{z}')C=C'C=\Sigma \tag{5.69}$$

をもつことが確認できる．

5.5.2 逆ガンマ分布

逆ガンマ分布 $x \sim IG(r_0/2,s_0/2)$ の乱数 x は，ガンマ分布 $G(r_0/2,s_0/2)$ の乱数 y の逆数 $x=1/y$ をとって発生させる．さらに，$IG(r_0/2,s_0/2)=s_0/G(r_0/2,1/2)$ の関係がある．ガンマ分布の乱数は，分布関数 g が一様分布に従う性質を利用して発生させる．これは，R，MATLAB，GAUSS など多くのパッケージで標準的に提供されている．

5.5.3 逆ウィシャート分布

(i) $\mathbf{X} \sim W_d(n, I_d)$

まず，ウィシャート分布 $W_d(n, I_d)$ に従う変数の乱数は，d 変量多変量正規分布に従う n 個の独立な標本 $\mathbf{x}_1, ..., \mathbf{x}_n \sim N_d(\mathbf{0}, I_d)$ から

$$\mathbf{X} = \sum_{i=1}^{n} \mathbf{x}_i \mathbf{x}_i' \tag{5.70}$$

により発生させることができる．

(ii) $\mathbf{A} \sim W_d(n, \Lambda)$

次に一般のウィシャート分布の場合には，5.5.1 項に従って $\mathbf{y}_1, ..., \mathbf{y}_n \sim N_d(\mathbf{0}, \Lambda)$ を発生させ，$\mathbf{A} = \sum_{i=1}^{n} \mathbf{y}_i \mathbf{y}_i'$ によるか，あるいは $\mathbf{X}$ および Λ のコレスキー分解 $\Lambda = C'C$ によって，$\mathbf{A} = C'\mathbf{X}C$ として乱数発生してもよい．

(iii) $\Sigma \sim IW_d(n, \mathbf{S})$

逆ウィシャート分布 $IW_d(n, \mathbf{S})$ に従う変数 Σ の乱数は，ウィシャート分布 $W_d(n, \mathbf{S})$ の乱数 D の逆数 $\Sigma = D^{-1}$ で発生できる．

さらに効率の良い方法は，互いに独立な標準正規乱数 $\{z_{ij} \sim N(0,1), i, j = 1, ..., d(i > j)\}$ および独立のカイ 2 乗分布からの乱数 $\{C_k^2 \sim \chi_k^2, k = n, (n-1), ..., (n-d)\}$ を利用し，$\mathbf{X} = \sum_{i=1}^{n} \mathbf{x}_i \mathbf{x}_i'$ の関係において $\mathbf{X} = RR'$ となる下三角行列 R を次のように設定する方法である．

$$R = \begin{pmatrix} \sqrt{C_n^2} & 0 & 0 & \cdots & 0 \\ z_{21} & \sqrt{C_{n-1}^2} & 0 & \cdots & 0 \\ z_{31} & z_{32} & \sqrt{C_{n-2}^2} \quad 0 & \cdots & 0 \\ \vdots & \vdots & \vdots & & \vdots \\ z_{d1} & z_{d2} & \cdots & \cdots & \sqrt{C_{n-d+1}^2} \end{pmatrix} \tag{5.71}$$

これは，d =2 の場合に $\mathbf{X} = RR'$ をみてみると，

$$RR' = \begin{pmatrix} C_n^2 & z_{21}\sqrt{C_{n-1}^2} \\ z_{21}\sqrt{C_{n-1}^2} & (z_{21})^2 + C_{n-1}^2 \end{pmatrix} = \begin{pmatrix} C_n^2 & z_{21}\sqrt{C_{n-1}^2} \\ z_{21}\sqrt{\chi_{n-1}^2} & C_n^2 \end{pmatrix} \tag{5.72}$$

となり，非対角要素の期待値はゼロ，つまり $E(z_{21}\sqrt{C_{n-1}^2}) = E(z_{21})E(\sqrt{C_{n-1}^2})$

$= 0$ となり，また対角要素は $E(C_n^2) = E(\chi_n^2) = n$ となることに注意すれば，$E(\mathbf{X}) = E(RR') = nI_d$ であり，$\mathbf{X}$ が $W_d(n, I_d)$ の乱数となっていることがわかる．次に，発生させた $\mathbf{X}$ を用いて，$W_d(n, \mathbf{S})$ の乱数を発生させるには，$\mathbf{S}$ のコレスキー分解 $\mathbf{S} = C'C$ によって $D = C'\mathbf{X}C$ として発生させ，さらに $\Sigma = D^{-1}$ により逆ウィシャート分布 $\Sigma \sim IW_d(n, \mathbf{S})$ の乱数が得られる．

Rossi, *et al.*(2005) においては，共分散行列 Σ に関する比較的散漫な事前分布として，$\Sigma \sim IW_d(\nu_0, V_0)$ において $\nu_0 = d + 3$，$V_0 = \nu_0 I_d$ とすることを推奨している．

6 モデル選択

本章では，分析目的とする対象を記述する統計モデルを一定の規準で評価し，最も妥当性のあるモデルを選ぶ問題を扱う．これは，分析に際して想定される事前の知識としての仮説群の評価問題であり，どの仮説が選択されるかによって得られる知見と予測は大きく変わりうるので，重要なプロセスである．

モデルに対する事後確率から定義される周辺尤度および情報量規準としてのDIC(deviance information criteria) が代表的なモデル選択基準であり，以下ではこれらを中心にみていこう．

6.1 モデルに対する事後確率と事後オッズ

いま，分析対象に対して考えうる J 個の統計モデルがあり，そのなかの j 番目のモデルを M_j とする．対象に対するデータ $\mathbf{y}$ が与えられたとき，モデル $\boldsymbol{M_j}$ に対する事後確率 $p(M_j|\mathbf{y})$ は，M_j をパラメータとみなして，その事前確率を $p(M_j)$，モデル M_j が与えられたときのデータの出現確率を $p(\mathbf{y}|M_j)$ とすれば，ベイズの定理より

$$p(M_j|\mathbf{y}) = \frac{p(\mathbf{y}|M_j)p(M_j)}{p(\mathbf{y})} \tag{6.1}$$

と定義できる．ここで，分母 $p(\mathbf{y})$ はモデル $\{M_1, ..., M_J\}$ に依存しない量

$$p(\mathbf{y}) = \sum_{j=1}^{J} p(\mathbf{y}|M_j)p(M_j) \tag{6.2}$$

である．通常，各モデルはパラメータを含み，モデル M_j のパラメータを θ_j と書けば，$p(\mathbf{y}|\theta_j, M_j)$ はモデル M_j のパラメータ θ_j に対する尤度関数を表し，

モデル M_j の下でデータ $\mathbf{y}$ が出現する確率 $p(\mathbf{y}|M_j)$ は，

$$p(\mathbf{y}|M_j) = \int_{\Theta_j} p(\mathbf{y}|\theta_j, M_j)p(\theta_j|M_j)d\theta_j \tag{6.3}$$

と書かれる．ここで，$p(\theta_j|M_j)$ はモデル M_j におけるパラメータ θ_j の事前分布を意味する．

式 (6.1) および (6.3) より，モデル M_j と M_k，$j \neq k$ の組に対する事後オッズ比 (posterior odds ratio) を次式で定義する．

$$\begin{aligned}\frac{p(M_j|\mathbf{y})}{p(M_k|\mathbf{y})} &= \frac{p(M_j)}{p(M_k)} \times \frac{p(\mathbf{y}|M_j)}{p(\mathbf{y}|M_k)} \\ &= \frac{p(M_j)}{p(M_k)} \times \frac{\int_{\Theta_j} p(\mathbf{y}|\theta_j, M_j)p(\theta_j|M_j)d\theta_j}{\int_{\Theta_k} p(\mathbf{y}|\theta_k, M_k)p(\theta_k|M_k)d\theta_k}\end{aligned} \tag{6.4}$$

ここで，$\frac{p(M_j)}{p(M_k)}$ は事前オッズ比 (prior odds ratio)，

$$\frac{p(\mathbf{y}|M_j)}{p(\mathbf{y}|M_k)} \equiv B_{jk} \tag{6.5}$$

はベイズファクター (Bayes factor) とよばれる．

ベイズファクターは，各モデルが与えられたときの周辺尤度の比である．

式 (6.4) は，これらの量の間の関係として

事後オッズ比とベイズファクター

$$\text{事後オッズ比} = \text{事前オッズ比} \times \text{ベイズファクター} \tag{6.6}$$

を表している．

いま，二つのモデル M_j と M_k のいずれかを選択する問題を考えた場合，事後オッズ比が高いモデルが選択される．これら二つのモデルについての事前情報がない場合，事前オッズ比は 1 であり，事後オッズ比はベイズファクターと等しくなる．このとき，ベイズファクターが 1 より小さいとき M_k を，1 より大きいとき M_j を選択する．同じことであるが，周辺尤度 $p(\mathbf{y}|M_j)$ の大きいモデルが選択されることになる．

一般のモデル選択では，事前オッズ比を特定化することは困難であり，すべ

てのモデルに対する事前確率は等しい $p(M_1) = p(M_2) = \cdots = p(M_J) = 1/J$ とし，事後オッズを最大にするモデル，つまり周辺尤度を最大化するモデルを選択する手続きがとられる．この場合，式 (6.3) のように周辺尤度はパラメータに関する積分を含むので，容易には評価できない．

6.2 正則事前分布とベイズファクター

これまで，パラメータに関する完全無情報 (complete ignorance) を反映させる事前分布の構築が長年試みられてきた歴史があり，そのなかで非正則事前分布 (improper prior) が代表的なものである．非正則事前分布は，積分不能な分布であり，たとえば，パラメータの全領域 $-\infty < \mu < \infty$ に対して，すべて同じ確率をもつ事前分布は $c(>0)$ として

$$p(\mu) \propto c \tag{6.7}$$

で表現され，散漫事前分布 (diffuse prior) または一様事前分布 (uniform prior) といわれる．これは全領域で積分不能

$$\int_{-\infty}^{\infty} p(\mu) d\mu = \text{不定} \tag{6.8}$$

であり，正規化定数をもたないという意味で非正則な分布とよばれる．これに対して，$\int_{-\infty}^{\infty} \pi(\mu) d\mu < \infty$ となり積分可能な事前分布は，正則事前分布 (proper prior) といわれる．

いま，モデル M_j のパラメータ θ_j に対して非正則事前分布

$$p(\theta_j | M_j) \propto c_j \tag{6.9}$$

を設定すると

$$p(\mathbf{y}|M_j) = \int c_j \cdot p(\mathbf{y}|\theta_j, M_j) d\theta_j \tag{6.10}$$

であることから，モデル M_i と M_j のベイズファクター B_{ij} は

$$
\begin{aligned}
B_{ij} &= \frac{p(\mathbf{y}|M_i)}{p(\mathbf{y}|M_j)} \\
&= \frac{\int c_j p(\mathbf{y}|\theta_i, M_i) d\theta_i}{\int c_j p(\mathbf{y}|\theta_j, M_j) d\theta_j} \\
&= \frac{c_i}{c_j} \cdot \frac{\int p(\mathbf{y}|\theta_i, M_i) d\theta_i}{\int p(\mathbf{y}|\theta_j, M_j) d\theta_j}
\end{aligned} \tag{6.11}
$$

となり，分析者が決めた定数 c_i，c_j に依存することになる．したがってこのような非正則事前分布の設定は，ベイズファクターの正当な解釈を与えないので，これは使ってはならない．

6.3 周 辺 尤 度

式 (6.3) で定義された $p(\mathbf{y}|M_j)$ は，モデル $\boldsymbol{j}$ の周辺尤度 (marginal likelihood) とよばれる．周辺尤度 $p(\mathbf{y}|M_j)$ は，次の解釈をもつ．

周辺尤度の解釈

1) 式 (6.3) から，θ_j を所与として定義される尤度関数 $p(\mathbf{y}|\theta_j, M_j)$ を θ_j の事前分布 $p(\theta_j|M_j)$ で期待値をとったもの $E_{\theta_j|M_j}[p(\mathbf{y}|\theta_j, M_j)]$ である．
2) パラメータ θ_j に対する事後確率の表現

$$
p(\theta_j|\mathbf{y}, M_j) = \frac{p(\mathbf{y}|\theta_j, M_j)p(\theta_j|M_j)}{p(\mathbf{y}|M_j)} \tag{6.12}
$$

から，分母の周辺尤度はパラメータ θ_j の事後分布の積分定数である．
3) モデル M_j が与えられたときに，データ $\mathbf{y}$ が出現する確率を意味する．

また，上述のベイズファクターに基づく二つのモデルの選択問題は，標本理論に基づく統計学において，M_j を帰無仮説のモデル，M_k を対立仮説のモデルとする尤度比検定に形式上対応しているようにみえる．尤度比検定は，二つのモデルが $M_j \in M_k$ と入れ子構造をしている必要があることや，データが増えるにつれて帰無仮説のモデルが棄却される傾向が強まるなどの制限や特性があるのに対して，ベイズファクターは比較モデル間に入れ子構造の仮定は必要なく，後者の問題もない．

Jeffreys(1961) によれば，モデルの選択を仮説検定とみた場合の目安として，ベイズファクターが1より小さいときは M_k を支持し，1より大きいときは M_j を支持するが，さらに細かく，1〜3：weak support, 3〜20：support, 20〜150：strong evidence, 150〜：very strong support，と主張している．

一般に，$p(\mathbf{y}|M_j)$ は非常に大きい値や小さい値をとることが多いので，自然対数をとった対数周辺尤度 (log of marginal likelihood)$\ln p(\mathbf{y}|M_j)$ を利用し，この比較によりモデルを選択することが多い．

6.4 MCMC を用いた周辺尤度の計算

周辺尤度を解析的に評価することは一般に困難であり，ほとんどの場合 MCMC を用いて求める．さらに MCMC による方法にもいくつかのアルゴリズムが提案されており，以下では代表的な計算方法をみていく．

[1] インポータンス関数 $g(\theta)$ からのサンプリング標本を用いた推定

インポータンス関数 $g(\theta)$ を用いた恒等式

$$p(\mathbf{y}|M_j) = \int \left[\frac{p(\mathbf{y}|\theta_j, M_j)p(\theta_j|M_j)}{g(\theta_j)} \right] g(\theta_j)d\theta_j \tag{6.13}$$

から，標本 $\{\theta_j^{(1)}, ..., \theta_j^{(N)}\} \sim g(\theta_j)$ を用いて，

$$\hat{p}(\mathbf{y}|M_j) = \frac{1}{N} \sum_{t=1}^{N} \left[\frac{p\left(\mathbf{y}|\theta_j^{(t)}, M_j\right)p\left(\theta_j^{(t)}|M_j\right)}{g\left(\theta_j^{(t)}\right)} \right] \tag{6.14}$$

により周辺尤度の推定値が得られる．ここで，インポータンス関数 $g(\theta)$ は，第5章の事後分布評価法の説明と同様に，パラメータの事後分布 $p(\theta_j|M_j)$ を被覆し，またこれをよく近似している必要があり，一般にこれを見つけることは困難な場合が多い．

[2] $p(\theta_j|\mathbf{y}, M_j)$ からのサンプリング標本を用いた推定

Gelfand and Day (1994) によるこの方法は，まず次の恒等式を利用する．

$$\begin{aligned} 1 &= \int g(\theta_j)d\theta_j = \int \left[\frac{p(\mathbf{y}|M_j)p(\theta_j|\mathbf{y}, M_j)}{p(\mathbf{y}|\theta_j, M_j)p(\theta_j|M_j)} \right] g(\theta_j)d\theta_j \\ &= \int \left[\frac{g(\theta_j)p(\mathbf{y}|M_j)}{p(\mathbf{y}|\theta_j, M_j)p(\theta_j|M_j)} \right] p(\theta_j|\mathbf{y}, M_j)d\theta_j \end{aligned} \tag{6.15}$$

これは，積分の内側のカッコ内がベイズの定理から

$$\left[\frac{p(\mathbf{y}|M_j)p(\theta_j|\mathbf{y},M_j)}{p(\mathbf{y}|\theta_j,M_j)p(\theta_j|M_j)}\right] = \frac{p(\theta_j|\mathbf{y},M_j)}{\left[\frac{p(\mathbf{y}|\theta_j,M_j)p(\theta_j|M_j)}{p(\mathbf{y}|M_j)}\right]} = 1 \tag{6.16}$$

となることにより確認できる．周辺尤度 $p(\mathbf{y}|M_j)$ を評価するには，これがパラメータ θ_j に依存しないので，式 (6.15) から

$$p(\mathbf{y}|M_j) = \left[\int \frac{g(\theta_j)}{p(\mathbf{y}|\theta_j,M_j)p(\theta_j|M_j)} p(\theta_j|\mathbf{y},M_j)d\theta_j\right]^{-1} \tag{6.17}$$

の関係式を利用する．つまり，事後分布からの標本 $\{\theta_j^{(1)},...,\theta_j^{(N)}\} \sim p(\theta_j|\mathbf{y},M_j)$ を用いて，

$$\hat{p}(\mathbf{y}|M_j) = \left[\frac{1}{N}\sum_{t=1}^{N} \frac{g\big(\theta_j^{(t)}\big)}{p\big(\mathbf{y}|\theta_j^{(t)},M_j\big)p\big(\theta_j^{(t)}|M_j\big)}\right]^{-1} \tag{6.18}$$

により周辺尤度の推定値が得られる．

ここで，$g(\theta)$ をモデル M_j の下でのパラメータ θ_j に対する事前分布と設定して $g(\theta_j^{(t)}) = p(\theta_j^{(t)}|M_j)$ とし，さらにパラメータの事後分布からの標本 $\{\theta_j^{(1)},...,\theta_j^{(N)}\} \sim p(\theta_j|\mathbf{y},M_j)$ を用いると，式 (6.18) は

$$\hat{p}(\mathbf{y}|M_j) = \left[\frac{1}{N}\sum_{t=1}^{N} \frac{1}{p\big(\mathbf{y}|\theta_j^{(t)},M_j\big)}\right]^{-1} \tag{6.19}$$

と簡潔になる．これは，事後分布評価のための MCMC からのサンプリング標本を用いてモデルの尤度関数を評価した調和平均が周辺尤度の推定値となるもので，Newton and Raftery (1994) の推定値である．これは，MCMC の収束判定などの際に出力する系列で計算できることから広く利用されている．しかし，データがモデルに対してあまり適合しない状況や散漫 (diffuse) 事前分布が使われた場合などでは，推定値が安定しないことが知られている．したがって注意深く事前分布を設定することが必要となる．

[3] チブ (Chib) の方法

Chib (1995) は，式 (6.12) のパラメータに対する事後確率の表現から得られる次の関係式

$$p(\mathbf{y}|M_j) = \frac{p\big(\mathbf{y}|\theta_j^*, M_j\big)p\big(\theta_j^*|M_j\big)}{p\big(\theta_j^*|\mathbf{y}, M_j\big)}$$

に注目し，この両辺の対数をとった

$$\ln p(\mathbf{y}|M_j) = \ln p\big(\mathbf{y}|\theta_j^*, M_j\big) + \Big[\ln p\big(\theta_j^*|M_j\big) - \ln p\big(\theta_j^*|\mathbf{y}, M_j\big)\Big] \tag{6.20}$$

の周辺尤度に関する関係式を利用する．この関係式は，どの θ_j^* についても成り立つ恒等式であることに注意する．通常は事後分布で高い確率をもつ平均 $\bar{\theta}_j^*$ やモード $\hat{\theta}_j^*$ が利用される．

いま，θ_j が二つのブロック $\theta_j = (\theta_{1j}, \theta_{2j})$ に分かれているとして，事後分布が条件付分布と周辺分布の積

$$p(\theta_j|\mathbf{y}, M_j) = p(\theta_{1j}|\mathbf{y}, M_j)p(\theta_{2j}|\theta_{1j}, \mathbf{y}, M_j) \tag{6.21}$$

で書け，それぞれの分布がそこからのサンプリングが容易な形で与えられており，分布の最高値 (ordinate) が推定できる場合に，MCMC の系列を使って周辺尤度を推定できることを Chib (1995) は示した．つまり，まず MCMC の標本を用いて

$$p(\theta_{1j}|\mathbf{y}, M_j) = \frac{1}{N}\sum_{t=1}^{N} p\big(\theta_{1j}|\theta_{2j}^{(t)}\mathbf{y}, M_j\big) \tag{6.22}$$

から θ_{1j} の最高値 θ_{1j}^* を求め，さらにこれを条件付分布に代入して $p\big(\theta_{2j}|\theta_{1j}^*, \mathbf{y}, M_j\big)$ から θ_{2j} の最高値 θ_{2j}^* が求まる．

MCMC の評価に関して z のデータ拡大が利用でき，その条件付事後分布 $p(\theta_j|\mathbf{y}, z, M_j)$ の最高値 θ_j^* がわかる場合，

$$\begin{aligned} p(\theta_j|\mathbf{y}, M_j) &= \int \frac{p(\theta_j|\mathbf{y}, z, M_j)p(z|\mathbf{y}, M_j)p(\mathbf{y}|M_j)}{p(\mathbf{y}|M_j)}dz \\ &= \int p(\theta_j|\mathbf{y}, z, M_j)p(z|y, M_j)dz \end{aligned} \tag{6.23}$$

を考えると，

$$\hat{p}(\mathbf{y}|M_j) = \frac{p\big(\mathbf{y}|\theta_j^*, M_j\big)p\big(\theta_j^*|M_j\big)}{\frac{1}{N}\sum_{t=1}^{N} p\big(\theta_j^*|\mathbf{y}, z^{(t)} M_j\big)} \tag{6.24}$$

により推定ができる．

6.5 DIC

Spiegelhalter, *et al.*(2002) は，情報理論的立場から展開されたモデル選択基準の AIC(Akaike information criteria) をベイズモデルに拡張する形で **DIC**(deviance information criteria) を提案した．

パラメータ θ_k をもつモデル k に対し，DIC は偏差尺度 (deviance measure)

$$D(\theta_k) = -2\log p(\mathbf{y}|\theta_k) \tag{6.25}$$

の事後分布に基づいて，次で定義される．

$$\begin{aligned}\mathrm{DIC}(k) &= 2\bar{D}(\theta_k) - D(\bar{\theta}_k) \\ &= \bar{D}(\theta_k) + (\bar{D}(\theta_k) - D(\bar{\theta}_k))\end{aligned} \tag{6.26}$$

DIC では，“モデルの適合度” を偏差尺度の事後分布に関する期待値 $E_{\theta|\mathbf{y}}[D(\theta_k)]$ の推定値

$$\bar{D}(\theta_k) = \frac{1}{N}\sum_{j=1}^{N}\bigl(-2\log p(\mathbf{y}|\theta_k^{(j)})\bigr) \tag{6.27}$$

で評価し，また “モデルの複雑さ” を，有効パラメータ数として

$$p_k = \bar{D}(\theta_k) - D(\bar{\theta}_k) \tag{6.28}$$

で評価する．ここで，$D(\bar{\theta}_k)$ は偏差尺度をパラメータの事後分布に関する期待値 $\bar{\theta}_k = \frac{1}{N}\sum_{j=1}^{N}\theta_k^{(j)}$ で置き換えた

$$D(\bar{\theta}_k) = -2\log p(\mathbf{y}|\bar{\theta}_k) \tag{6.29}$$

で定義される．DIC は AIC の類推で導出され，標本数 n が大きいときの漸近理論を用いて正当化される．AIC との対応では，式 (6.27) は $-2\times$ 期待対数尤度，式 (6.29) は $-2\times$ 最大対数尤度に対応している．つまり，n が大きいとき，$\bar{\theta}_k \approx \hat{\theta}_k$(最尤推定値) とし，$D(\theta_k)$ を $\bar{\theta}_k$ 周りで 2 次までテーラー展開すると

$$D(\theta_k) \approx D(\bar{\theta}_k) - (\theta_k - \bar{\theta}_k)' L''(\theta_k - \bar{\theta}_k) = D(\bar{\theta}_k) + \chi^2_{p_k} \tag{6.30}$$

が得られる．ここで $\chi^2_{p_k}$ は自由度 p_k のカイ 2 乗分布に従う確率変数であり，また $L = \log p(\mathbf{y}|\theta_k)$，$L_{\bar{\theta}_k}{}' = 0$ を利用している．$E(\chi^2_{p_k}) = p_k$ となることから上式の両辺の期待値をとると

$$E[D(\theta_k)] = D(\bar{\theta}_k) + p_k \tag{6.31}$$

となり，左辺の推定値として $\bar{D}(\theta_k)$ を利用して有効パラメータ数 (6.28) との対応関係が得られる．AIC についての詳細は，赤池ら (2007) を参照せよ．

式 (6.26) から明らかなように，DIC は各モデルから得られる MCMC のサンプリング系列 $\{\theta_k^{(j)}, j = 1, ..., N\}$ を使って容易に計算でき，また階層モデルなど多数の階層パラメータを含むモデルにも適用できることから，幅広く使われている．

6.6 ベイズ情報量基準と周辺尤度

本章の最後に，上述の周辺尤度とベイズ情報量規準 (BIC, Schwarz, 1978) との関係をみていこう．

まず式 (6.12) の対数をとって整理すると，対数周辺尤度は下記のように表される．

$$\ln p(\mathbf{y}|M_j) = \ln p(\mathbf{y}|\theta_j, M_j) + [\ln p(\theta_j|M_j) - \ln p(\theta_j|\mathbf{y}, M_j)] \tag{6.32}$$

右辺第 1 項は対数尤度である．右辺第 2 項のカッコ内は事前確率 (の対数) と事後確率 (の対数) の差であり，一般に分布の最大値 $\hat{\theta}_j$ で評価した場合，事後情報は事前情報より増えているはずである．したがって，$\ln p(\hat{\theta}_j|M_j) - \ln p(\hat{\theta}_j|\mathbf{y}, M_j) < 0$ が成り立ち，最大対数尤度 $\ln p(\mathbf{y}|\hat{\theta}_j, M_j)$ に対するペナルティ項をカッコ内は表しているといえる．

式 (6.32) に対して Raftery(1996) は，下記の解析的近似を与えた．

いま，周辺尤度の定義 $p(\mathbf{y}|M_j) = \int p(\mathbf{y}|\theta_j, M_j) p(\theta_j|M_j) d\theta_j$ に関して，モデル M_j の記号を省略して恒等式

$$p(\mathbf{y}) = \int \exp\{\ln [p(\mathbf{y}|\theta) p(\theta)]\} d\theta \equiv \int \exp\{h(\theta)\} d\theta \tag{6.33}$$

を設定する，データの数 n が大きいとき，尤度関数が単調に増加するのに対して事前分布は一定であるので

$$h(\theta) = \ln\left[p(\mathbf{y}|\theta)p(\theta)\right] = \ln p(\mathbf{y}|\theta) + \ln p(\theta) \approx \ln p(\mathbf{y}|\theta) \tag{6.34}$$

が成り立つ．$h(\theta)$ を最尤推定値 $\hat{\theta}$ 周りでテーラー展開すると，最尤推定値 $\hat{\theta}$ は尤度関数 $p(\mathbf{y}|\theta)$ を最大化して $\frac{d \ln p(\mathbf{y}|\theta)}{d\theta}|_{\hat{\theta}} = 0$ となるよう決めており，これを利用すると

$$h(\theta) \approx h(\hat{\theta}) - \frac{1}{2}(\theta - \hat{\theta})' H(\hat{\theta})(\theta - \hat{\theta}) \tag{6.35}$$

となる．ここで $H(\hat{\theta}) = [-\frac{\partial^2 \ln p(\mathbf{y}|\theta)}{\partial\theta\partial\theta'}]_{\hat{\theta}}$ で定義される．

したがって，式 (6.33) の積分内は正規分布のカーネルをしており，その積分はパラメータ θ の次元を p としたとき，正規分布の密度関数から

$$\begin{aligned} p(\mathbf{y}) &\approx \exp\{h(\hat{\theta})\} \int \exp\left\{-\frac{1}{2}(\theta - \hat{\theta})' H(\hat{\theta})(\theta - \hat{\theta})\right\} d\theta \\ &= \exp\{h(\hat{\theta})\}(2\pi)^{p/2}|H(\hat{\theta})|^{-1/2} \\ &= p(\mathbf{y}|\hat{\theta})(2\pi)^{p/2}|H(\hat{\theta})|^{-1/2} \end{aligned} \tag{6.36}$$

の関係が導かれる．この両辺の対数をとることで

$$\begin{aligned} \ln p(\mathbf{y}) &\approx \ln p(\mathbf{y}|\hat{\theta}) + \frac{p}{2}\ln(2\pi) - \frac{1}{2}\ln|H(\hat{\theta})| \\ &= \ln p(\mathbf{y}|\hat{\theta}) + \frac{p}{2}\ln(2\pi) - \frac{1}{2}\ln n^p\,|I| \end{aligned} \tag{6.37}$$

が得られる．ここで，I は一つのデータに対するフィッシャー情報量 $I = E\left[-\frac{\partial^2 \ln p(y_1|\theta)}{\partial\theta\partial\theta'}\right]$ で，データ数 n が増えても一定であり，また $|H(\hat{\theta})| = n^p\,|I|$ の性質を利用している．

したがって，式 (6.37) において，n とともに増える項のみを取り出し，モデル M_j の記号を含めた表現に戻せば，

$$\ln p(\mathbf{y}|M_j) \approx \ln p(\mathbf{y}|\hat{\theta}_j, M_j) - \frac{p_j}{2}\ln n \tag{6.38}$$

が得られる．これは Schwarz (1978) によるベイズ情報量規準 (**BIC**: Bayesian information criteria) に等しい．つまり，BIC はデータ数 n が大きいときの対数周辺尤度の近似値を表している．

7 線形回帰モデル(I)

7.1 連続従属変数回帰モデル

7.1.1 正規線形回帰モデル

いま，y に対して k 種類の説明変数 $(x_1, x_2, ..., x_k)$ があり，それらの間に観測期間 $t = 1, ..., n$ を通じて線形な関係を仮定した回帰モデル

$$\begin{aligned} y_t &= x_{1t}\beta_1 + x_{2t}\beta_2 + \cdots + x_{kt}\beta_k + \varepsilon_t;\ \varepsilon_t \sim \text{i.i.d.}N\left(0, \sigma^2\right) \\ &\equiv \mathbf{x}_t'\beta + \varepsilon_t \end{aligned} \tag{7.1}$$

を設定する．ここで，$\mathbf{x}_t = (x_{1t}, x_{2t}, ..., x_{kt})'$ および $\beta = (\beta_1, \beta_2, ..., \beta_k)'$，$\varepsilon_t$ は回帰の誤差項であり，t に関しては独立に平均ゼロ，分散 σ^2 の正規分布をすることを意味している．

n 組のデータ $(t = 1, ..., n)$ に関してまとめて行列表現をすると，

$$\mathbf{y} = \mathbf{X}\beta + \varepsilon;\ \varepsilon \sim N_n\big(\mathbf{0}, \sigma^2\mathbf{I}_n\big) \tag{7.2}$$

となる．ここで，n 次元ベクトル $\mathbf{y} = (y_1, y_2, ..., y_n)'$，$(n \times k)$ の行列 $\mathbf{X} = [\mathbf{x}_1'; \mathbf{x}_2'; ...; \mathbf{x}_n']$，$n$ 次元ベクトル $\varepsilon = (\varepsilon_1, \varepsilon_2, ..., \varepsilon_n)'$ であり，$\mathbf{I}_n$ は n 次元単位行列を表す．ここで行ベクトル a'，b' に対して $[a'\,; b']$ は $\left(\begin{smallmatrix} a' \\ b' \end{smallmatrix}\right)$ を表す．

7.1.2 最小 2 乗推定値とその性質

係数パラメータ $\beta = (\beta_1, \beta_2, ..., \beta_k)'$ の最小 2 乗推定値 $\hat{\beta} = (\hat{\beta}_1, \hat{\beta}_2, ..., \hat{\beta}_k)'$ は，次のように求められる．まずモデルの予測値

$$\hat{y}_t = x_{1t}\hat{\beta}_1 + x_{2t}\hat{\beta}_2 + \cdots + x_{kt}\hat{\beta}_k \tag{7.3}$$

と観測値 y_t との差

$$e_t = y_t - \left(x_{1t}\hat{\beta}_1 + x_{2t}\hat{\beta}_2 + \cdots + x_{kt}\hat{\beta}_k\right) \tag{7.4}$$

を t 期の残差 (residual) とよび，t=1,...,n までの残差の 2 乗和を最小

$$\min_{\hat{\beta}} \sum_{t=1}^{n} e_t^2 = \sum_{t=1}^{n}\left(y_t - \left(x_{1t}\hat{\beta}_1 + x_{2t}\hat{\beta}_2 + \cdots + x_{kt}\hat{\beta}_k\right)\right)^2 \tag{7.5}$$

にするよう推定値 $\hat{\beta}$ を求めるのが**最小 2 乗法** (least squares method) である．

いま，式 (7.5) の最小化の必要条件から正規方程式とよばれる次の連立方程式が得られ，その解として推定値が求まる．すなわち

$$\begin{aligned} \frac{\partial \sum_{t=1}^{n} e_t^2}{\partial \hat{\beta}_j} &= -2\sum_{t=1}^{n} x_{jt}\left(y_t - \left(x_{1t}\hat{\beta}_1 + x_{2t}\hat{\beta}_2 + \cdots + x_{kt}\hat{\beta}_k\right)\right) \\ &= -2\sum_{t=1}^{n} x_{jt}e_t = 0, \quad j = 1, ..., k \end{aligned} \tag{7.6}$$

であり，$\mathbf{e} = (e_1, e_2, ..., e_n)' = \mathbf{y} - \mathbf{X}\hat{\beta}$ として，式 (7.6) をベクトル表記すると，

$$\begin{aligned} \frac{\partial \mathbf{e}'\mathbf{e}}{\partial \hat{\beta}} &= \frac{\partial\left(\mathbf{y} - \mathbf{X}\hat{\beta}\right)'\left(\mathbf{y} - \mathbf{X}\hat{\beta}\right)}{\partial \hat{\beta}} \\ &= \frac{\partial\left(\mathbf{y}'\mathbf{y} - 2\hat{\beta}'\mathbf{X}'\mathbf{y} + \hat{\beta}'\mathbf{X}'\mathbf{X}\hat{\beta}\right)}{\partial \hat{\beta}} \\ &= -2\mathbf{X}'\mathbf{y} + 2\mathbf{X}'\mathbf{X}\hat{\beta} = \mathbf{0} \end{aligned} \tag{7.7}$$

となり，これより，β の最小 2 乗推定値

$$\hat{\beta} = \left(\mathbf{X}'\mathbf{X}\right)^{-1}\mathbf{X}'\mathbf{y} \tag{7.8}$$

が得られる．また，誤差項の分散パラメータ σ^2 については，残差平方和を自由度 $(n-k)$ で割ったもので，最小 2 乗推定値

$$s^2 = \frac{\mathbf{e}'\mathbf{e}}{n-k} \tag{7.9}$$

と定義する．そのとき，推定のルールとしての各推定量は次の分布をすること

が知られている.

最小 2 乗推定量の分布

$$\hat{\beta} \sim N_k\big(\beta, \sigma^2(\mathbf{X}'\mathbf{X})^{-1}\big) \tag{7.10}$$

$$\nu s^2/\sigma^2 \equiv (n-k)\,s^2/\sigma^2 = \mathbf{e}'\mathbf{e}/\sigma^2 \sim \chi^2(n-k) \tag{7.11}$$

さらに式 (7.6) の条件をまとめると, $\mathbf{X}'\mathbf{e} = \mathbf{0}$ となる. このとき, 説明変数 $\mathbf{X}$ と残差 $\mathbf{e}$ は直交するといわれる.

7.1.3　尤度関数の導出

次に, ベイズ推測の基礎になる尤度関数を導こう. 誤差項 ε_t の同時分布は, t に関して独立であることから, 同時確率密度関数は次のように書かれる.

$$p\big(\varepsilon_1, \varepsilon_2, ..., \varepsilon_n | \mathbf{X}, \beta, \sigma^2\big) = \prod_{t=1}^{n} \frac{1}{\sigma\sqrt{2\pi}} \exp\!\left(-\frac{1}{2\sigma^2}\varepsilon_t^2\right) \tag{7.12}$$

$(y_1, y_2, ..., y_n)$ の同時分布を導出するには, $(\varepsilon_1, \varepsilon_2, ..., \varepsilon_n)$ から $(y_1, y_2, ..., y_n)$ の変数変換をして, 次式が得られる.

$$p\big(y_1, y_2, ..., y_n | \mathbf{X}, \beta, \sigma^2\big) = p\big(\varepsilon_1, \varepsilon_2, ..., \varepsilon_n | \mathbf{X}, \beta, \sigma^2\big) |\mathbf{J}_{\varepsilon\to y}| \tag{7.13}$$

ここで, $\mathbf{J}_{\varepsilon\to y}$ は

$$\mathbf{J}_{\varepsilon\to y} = \begin{pmatrix} \frac{\partial\varepsilon_1}{\partial y_1} & \frac{\partial\varepsilon_1}{\partial y_2} & \cdots & \frac{\partial\varepsilon_1}{\partial y_n} \\ \frac{\partial\varepsilon_2}{\partial y_1} & \frac{\partial\varepsilon_2}{\partial y_2} & \cdots & \frac{\partial\varepsilon_2}{\partial y_n} \\ \vdots & \vdots & & \vdots \\ \frac{\partial\varepsilon_n}{\partial y_1} & \frac{\partial\varepsilon_n}{\partial y_2} & \cdots & \frac{\partial\varepsilon_n}{\partial y_n} \end{pmatrix}$$

で定義される変数変換のヤコビアンであり, これは $\varepsilon_t = y_t - (x_{1t}\beta_1 + x_{2t}\beta_2 + \cdots + x_{kt}\beta_k)$ の関係から, n 次元の単位行列 $|\mathbf{J}_{\varepsilon\to y}| = |\mathbf{I}_n| = 1$ であることがわかる. したがって, $\mathbf{y} = (y_1, y_2, ..., y_n)'$ に対する尤度関数は

$$\begin{aligned} p\big(\mathbf{y} | \mathbf{X}, \beta, \sigma^2\big) &= p\big(\varepsilon_1, \varepsilon_2, ..., \varepsilon_n | \mathbf{X}, \beta, \sigma^2\big) \times 1 \\ &= \prod_{t=1}^{n} \frac{1}{\sigma\sqrt{2\pi}} \exp\!\left(-\frac{1}{2\sigma^2}{\varepsilon_t}^2\right) \\ &= \left(\frac{1}{\sigma\sqrt{2\pi}}\right)^n \exp\!\left(-\frac{1}{2\sigma^2}\,(\mathbf{y} - \mathbf{X}\beta)'\,(\mathbf{y} - \mathbf{X}\beta)\right) \end{aligned} \tag{7.14}$$

となる.

7.1.4 正規–逆ガンマ共役事前分布

第 4 章の多変量正規分布の平均ベクトル μ の推測の場合に対応して，回帰モデルの係数ベクトル β の推測に関しても同様に，次の表現が得られる.

誤差 2 乗和の最小 2 乗推定による分解

$$(\mathbf{y}-\mathbf{X}\beta)'(\mathbf{y}-\mathbf{X}\beta)=\nu s^2+(\beta-\hat{\beta})'\mathbf{X}'\mathbf{X}(\beta-\hat{\beta}) \tag{7.15}$$

ここで $\hat{\beta}=(\mathbf{X}'\mathbf{X})^{-1}\mathbf{X}'\mathbf{y}$, $\nu s^2=\mathbf{e}'\mathbf{e}$, $\nu=n-k$ である.

証明：式 (7.15) において，$\mathbf{y}-\mathbf{X}\beta=(\mathbf{y}-\mathbf{X}\hat{\beta})+(\mathbf{X}\hat{\beta}-\mathbf{X}\beta)=\mathbf{e}+\mathbf{X}(\hat{\beta}-\beta)$ と 2 項に分けて 2 次形式を展開し，説明変数と残差が直交する性質 $\mathbf{X}'\mathbf{e}=0$ を利用すると，

$$\begin{aligned}
&(\mathbf{y}-\mathbf{X}\beta)'(\mathbf{y}-\mathbf{X}\beta)=\left[\mathbf{e}+\mathbf{X}(\hat{\beta}-\beta)\right]'\left[\mathbf{e}+\mathbf{X}(\hat{\beta}-\beta)\right]\\
&=\mathbf{e}'\mathbf{e}+(\beta-\hat{\beta})'\mathbf{X}'\mathbf{X}(\beta-\hat{\beta})-2(\beta-\hat{\beta})'\mathbf{X}'\mathbf{e}\\
&=\nu s^2+(\beta-\hat{\beta})'\mathbf{X}'\mathbf{X}(\beta-\hat{\beta})
\end{aligned} \tag{7.16}$$

が得られる. ■

したがって，式 (7.14) の尤度関数カーネルは次のように書かれる.

$$\begin{aligned}
p(\mathbf{y}|\mathbf{X},\beta,\sigma^2)&\propto(\sigma^2)^{-\nu/2}\exp\left(-\frac{1}{2\sigma^2}\nu s^2\right)\\
&\times(\sigma^2)^{-k/2}\exp\left(-\frac{1}{2\sigma^2}(\beta-\hat{\beta})'\mathbf{X}'\mathbf{X}(\beta-\hat{\beta})\right)
\end{aligned} \tag{7.17}$$

いま事前分布として次の構造を設定する.

正規–逆ガンマ共役事前分布

$$p(\beta,\sigma^2)=p(\beta|\sigma^2)p(\sigma^2) \tag{7.18}$$

ここで $\beta|\sigma^2\sim N_k(\beta_{\mathbf{0}},\sigma^2\mathbf{A}^{-1})$, $\sigma^2\sim IG(\nu_0/2,s_0/2)$

これは正規–逆ガンマ共役事前分布 (normal–inverse gamma conjugate prior)

とよばれ，次に示すように共役事前分布を構成する．まず，この密度関数カーネルは次のように表される．

$$\begin{aligned} p(\beta, \sigma^2) &= p(\beta|\sigma^2)p(\sigma^2) \\ &= (\sigma^2)^{-k/2} \exp\left(-\frac{1}{2\sigma^2}(\beta - \beta_{\mathbf{0}})'\mathbf{A}(\beta - \beta_{\mathbf{0}})\right) \\ &\quad \times (\sigma^2)^{-\nu_0/2-1} \exp\left(-\frac{1}{2\sigma^2} s_0\right) \end{aligned} \tag{7.19}$$

これと尤度関数カーネル式 (7.17) との積をとることにより，事後分布は

$$\begin{aligned} &p(\beta, \sigma^2|\mathbf{X}, \mathbf{y}) \propto p(\beta, \sigma^2)p(\mathbf{y}|\mathbf{X}, \beta, \sigma^2) \\ &= (\sigma^2)^{-k/2} \exp\left(-\frac{1}{2\sigma^2}\left[(\beta - \hat{\beta})'\mathbf{X}'\mathbf{X}(\beta - \hat{\beta}) + (\beta - \beta_{\mathbf{0}})'\mathbf{A}(\beta - \beta_{\mathbf{0}})\right]\right) \\ &\quad \times (\sigma^2)^{-(\nu_0+n)/2-1} \exp\left(-\frac{1}{2\sigma^2}\left[s_0 + \nu s^2\right]\right) \end{aligned} \tag{7.20}$$

と展開される．右辺の第 1 項の指数部分 $(\beta - \hat{\beta})'\mathbf{X}'\mathbf{X}(\beta - \hat{\beta}) + (\beta - \beta_{\mathbf{0}})'\mathbf{A}(\beta - \beta_{\mathbf{0}})$ は，第 4 章の付録の公式 B における式 (4.80) において，$\theta = \beta$，$C = \hat{\beta}$，$A = \mathbf{X}'\mathbf{X}$，$D = \beta_{\mathbf{0}}$，$B = \mathbf{A}$ とおくことで，下記のように整理できる．

$$\begin{aligned} &(\beta - \hat{\beta})'\mathbf{X}'\mathbf{X}(\beta - \hat{\beta}) + (\beta - \beta_{\mathbf{0}})'\,\mathbf{A}\,(\beta - \beta_{\mathbf{0}}) \\ &= (\beta - \beta^*)'\,(\mathbf{X}'\mathbf{X} + \mathbf{A})\,(\beta - \beta^*) + (\beta_{\mathbf{0}} - \hat{\beta})'\left((\mathbf{X}'\mathbf{X})^{-1} + \mathbf{A}^{-1}\right)^{-1}(\beta_{\mathbf{0}} - \hat{\beta}) \end{aligned} \tag{7.21}$$

ここで，同公式 B の θ^* に対応する β^* は

$$\beta^* = (\mathbf{X}'\mathbf{X} + \mathbf{A})^{-1}\,(\mathbf{X}'\mathbf{X}\hat{\beta} + \mathbf{A}\beta_{\mathbf{0}}) \tag{7.22}$$

と表される．

いま，式 (7.21) の右辺第 2 項は β を含まないので，事後分布は次のように書かれる．

$$\begin{aligned} p(\beta, \sigma^2|\mathbf{X}, \mathbf{y}) &= (\sigma^2)^{-k/2} \exp\left(-\frac{1}{2\sigma^2}\left[(\beta - \beta^*)'\,\mathbf{\Sigma}^*\,(\beta - \beta^*)\right]\right) \\ &\quad \times (\sigma^2)^{-(\nu_0+n)/2-1} \exp\left(-\frac{1}{2\sigma^2}\left[s^*\right]\right) \end{aligned} \tag{7.23}$$

ここで

$$
\begin{cases}
\mathbf{\Sigma}^* = \mathbf{X}'\mathbf{X} + \mathbf{A} \\
s^* = s_0 + \nu s^2 + (\beta_{\mathbf{0}} - \hat{\beta})'\left((\mathbf{X}'\mathbf{X})^{-1} + \mathbf{A}^{-1}\right)^{-1}(\beta_{\mathbf{0}} - \hat{\beta})
\end{cases}
\tag{7.24}
$$

とおいた．したがって

回帰モデルの事後分布：正規–逆ガンマ共役事前分布

$$
\begin{aligned}
p\left(\beta, \sigma^2 | \mathbf{X}, \mathbf{y}\right) &= p\left(\beta | \sigma^2, \mathbf{X}, \mathbf{y}\right) p\left(\sigma^2 | \mathbf{X}, \mathbf{y}\right) \\
&= N_k\left(\beta^*, \sigma^2 \mathbf{\Sigma}^{*-1}\right) \cdot IG((\nu_0 + n)/2, s^*/2)
\end{aligned}
\tag{7.25}
$$

であり，σ^2 を条件付きとした β の条件付事後分布 $p(\beta|\sigma^2, \mathbf{X}, \mathbf{y})$ が多変量正規分布 $N_k(\beta^*, \sigma^2\mathbf{\Sigma}^{*-1})$，$\sigma^2$ の周辺事後分布 $p(\sigma^2|\mathbf{X}, \mathbf{y})$ が逆ガンマ分布 $IG\left((\nu_0 + n)/2, s^*/2\right)$ となることがわかる．

以上みてきた正規–逆ガンマ共役事前分布のベイズ推測は，周辺事後分布 $\sigma^2|\mathbf{y}$ および条件付事後分布 $\beta|\sigma^2$，$\mathbf{y}$ が解析的にわかる事前分布のクラスを構成する．実際，β の条件付事後分布 $\beta|\sigma^2$，$\mathbf{y}$ を σ^2 の周辺事後分布 $\sigma^2|\mathbf{y}$ で期待値をとることにより

$$
\begin{aligned}
p(\beta|\mathbf{y}) = E_{\sigma^2|\mathbf{y}}\left(p\left(\beta|\sigma^2, \mathbf{y}\right)\right) &= \int p\left(\beta|\sigma^2, \mathbf{y}\right) p\left(\sigma^2|\mathbf{y}\right) d\sigma^2 \\
&\propto \left[s^* + (\beta - \beta^*)'\Sigma^*(\beta - \beta^*)\right]^{-(k+(\nu_0+n))/2}
\end{aligned}
\tag{7.26}
$$

と解析的に評価でき，多変量 t 分布をすることが示されている（たとえば Zellner, 1971 などを参照せよ）．

7.1.5 条件付共役事前分布：ギッブスサンプリング

第 5 章でみた MCMC を用いた事後分布評価法を利用すれば，共役な事前分布の設定は必ずしも必要はない．次には一般的な事前分布を設定して事後分布を評価する枠組みをみてゆこう．

より一般的に β と σ^2 の事前分布として独立な事前分布を設定しよう．

条件付共役事前分布

$$p(\beta, \sigma^2) = p(\beta)p(\sigma^2) \tag{7.27}$$

$$\text{ここで } \beta \sim N(\beta_0, \Sigma_0), \quad \sigma^2 \sim IG(\nu_0/2, s_0/2) \tag{7.28}$$

そのとき，前項の議論を利用すると，β および σ^2 の条件付事後分布は次のように導出される．

事後分布

$$\beta|\sigma^2, \mathbf{y} \sim N(\beta_1, \Sigma_1) \tag{7.29}$$

$$\beta_1 = \Sigma_1\left(\sigma^{-2}X'\mathbf{y} + \Sigma_0^{-1}\beta_0\right), \Sigma_1 = \left(\sigma^{-2}X'X + \Sigma_0^{-1}\right)^{-1} \tag{7.30}$$

$$\sigma^2|\beta, \mathbf{y} \sim IG(\nu_1/2, s_1/2) \tag{7.31}$$

$$\nu_1 = \nu_0 + n, s_1 = s_0 + (\mathbf{y} - X\beta)'(\mathbf{y} - X\beta) \tag{7.32}$$

これは独立な事前分布を設定しても，他のパラメータを条件付きとした条件付事後分布が事前分布と同じ分布族に属するので，上記の事前分布は条件付共役事前分布あるいはセミ共役事前分布とよばれる．

この設定の下での正規線形回帰モデルに対するギッブスサンプリングのアルゴリズムは次となる．

正規線形回帰モデルに対するギッブスサンプリング

1. 初期値 $\beta^{(0)}$，$\sigma^{2^{(0)}}$ を設定する
2. m 回目の繰返しで

$$\beta^{(m)} \sim N\left(\beta_1{}^{(m)}, \Sigma_1{}^{(m)}\right),\ \sigma^{2^{(m)}} \sim IG\left(\nu_1/2, s_1{}^{(m)}/2\right) \tag{7.33}$$

ここで

$$\begin{aligned}
\beta_1{}^{(m)} &= \Sigma_1{}^{(m)}\left(\sigma^{2^{(m-1)}}X'\mathbf{y} + \Sigma_0{}^{-1}\beta_0\right) \\
\Sigma_1^{(m)} &= \left(\sigma^{2^{(m-1)}}X'X + \Sigma_0{}^{-1}\right)^{-1} \\
s_1{}^{(m)} &= s_0 + \left(\mathbf{y} - X\beta^{(m)}\right)'\left(\mathbf{y} - X\beta^{(m)}\right)
\end{aligned} \tag{7.34}$$

3. 2. へ戻り，$m = B + M$ まで繰り返す．ここで B は初期値の影響が残るバーンイン期間である．

R の分析例

ここで，R のパッケージ "MCMCPack" の正規線形回帰モデルに対するコマンド：MCMCregress を実行した結果をみてみよう．まず R のコードは次で与えておく．

正規線形回帰モデル：ギッブスサンプリング

```
> regdata <- list(X = c(-2,-1,0,1,2,3), Y = c(1,3,3,3,5,6))
> posterior <- MCMCregress(Y~X, data=regdata, burnin = 1000,
+ mcmc = 10000, b0 = 0.0, B0 = 0, c0 = 2, d0 = 0.001,
+ verbose=1000)
> plot(posterior)
> summary(posterior)
```

そこでは X, Y に対する 6 組のデータに対し，事前分布のパラメータを $\beta_0 = 0, \Sigma_0 = 0$，$\nu_0 = 2$，$s_0 = 0.001$ としている．$\Sigma_0 = 0$ は，一様散漫事前分布 (uniform diffuse prior) の利用を表している．MCMC の繰返し回数を 11000 回，その最初の 1000 回をバーンインとして捨て，10000 個のサンプリングにより，切片 α と傾き β および誤差分散 σ^2 の事後分布を求めるものである．

図 7.1 では，10000 個の MCMC 系列（左）とその経験分布（ヒストグラム）から描かれた事後分布（右）を α と β のそれぞれについて表している．図 7.2 では，結果の要約統計量を示しており，その上段の表から，切片は事後平均が 3.0609 であり，傾きの事後平均は 0.8849 であることを示している．また下段の表は，事後分布の分位点を 2.5%，25%，50%，75%，97.5% について求めており，これらから，たとえば，仮説 $H_0 : \beta = 0$ を検定したい場合，2.5% 点の 0.5605 であることから，仮説の値は左側の 2.5% の領域に入り，両側検定を考えれば有意水準 5% で棄却される状況になる．また HPD 領域を求めるには，サンプリング系列 $\beta^{[i]}$ を別途保存しておき，この経験分布から構成する．

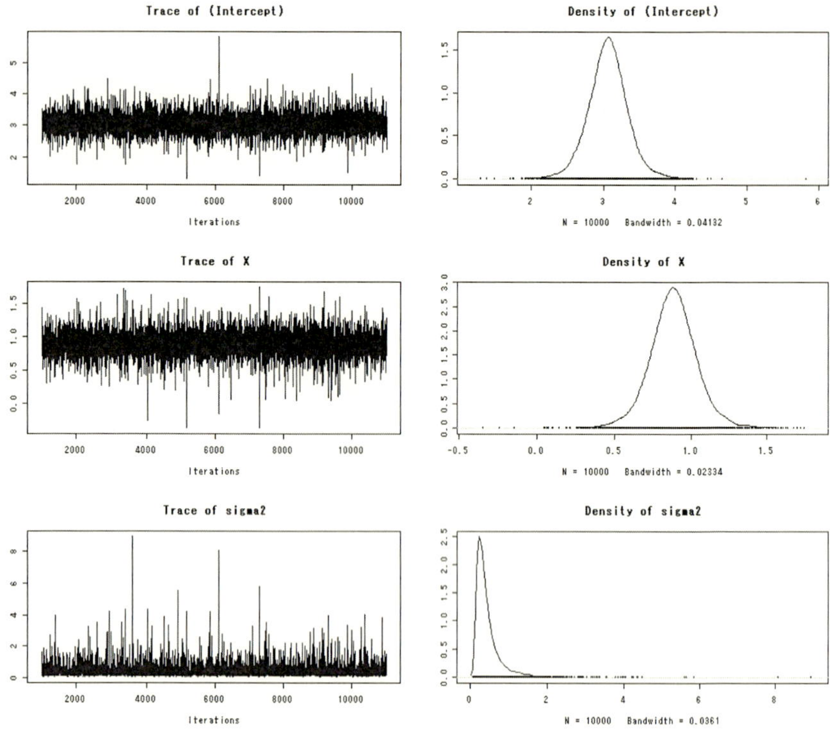

図 **7.1** 事後分布

```
Iterations = 1001:11000
Thinning interval = 1
Number of chains = 1
Sample size per chain = 10000

1. Empirical mean and standard deviation for each variable,
   plus standard error of the mean:

              Mean     SD Naive SE Time-series SE
(Intercept) 3.0609 0.2816 0.002816       0.002867
X           0.8849 0.1613 0.001613       0.001706
sigma2      0.4436 0.4028 0.004028       0.004663

2. Quantiles for each variable:

              2.5%    25%    50%    75% 97.5%
(Intercept) 2.5106 2.8953 3.0610 3.2249 3.634
X           0.5605 0.7926 0.8848 0.9788 1.212
sigma2      0.1247 0.2252 0.3316 0.5132 1.448
```

図 **7.2** 計算結果出力：正規線形回帰モデル

8 線形回帰モデル(II)

8.1 制限従属変数回帰モデル

本章では，前章の正規線形回帰モデル

$$y_t^* = \mathbf{x}_t'\beta + \varepsilon_t; \quad \varepsilon_t \sim \text{i.i.d.} N\left(0, \sigma^2\right) \tag{8.1}$$

において，従属変数 y_t^* のすべてあるいは一部が観測できない場合のモデルを扱う．このような従属変数は**制限従属変数** (limited dependent variable) とよばれ，これを扱うモデルは制限従属変数モデルとよばれる．本章では二つの代表的な制限従属変数モデルを扱う．一つは，ある範囲にある y_t だけが観測される**打ち切りデータ** (censored data) に対する**トービットモデル** (Tobit model) である．もう一つは，正規分布に従う連続変数 y_t^* を**潜在変数** (latent variable) とし，それとの関係において観測される従属変数 y_t が 1 か 0 などの選択行動を表す**離散選択モデル** (discrete choice model) である．

以下では，これらについて順次みてゆく．

8.2 打ち切りデータの回帰モデル

まず打ち切りデータは，次の二つに分類できる．一つは，経済学のコーナー解（corner solution）の場合であり，たとえば，消費需要の場合に，耐久財への支出は非負であったり，売上げの上限が物理的に制限されている場合などに当てはまる．

二つ目はトップコーディング（top coding）問題として知られる場合であり，

アンケートによる市場調査や税金・社会保障の問題などで，たとえば，所得データで300万円以下のケースをすべてまとめて300万円としたり，2000万円より多い所得者をすべて2000万円として記録されたデータである．前者は下限からの打ち切り（censor from below）$y_i \le K$，後者は上限からの打ち切り（censor from above）$y_i > K$ といわれる．

打ち切りデータは，ある範囲の外にあるデータが，範囲の限界としてまとめられるもので，説明変数は観測されるのに対して，**切断データ** (truncated data) は，変数の値がある範囲に入っていない場合に，従属変数，説明変数の両方をシステマティックに標本から除外するものである．

次に上限からの打ち切りで $K = 0$ の場合，つまり従属変数が正の値をとる場合にのみ観測されるケースについてみてゆく．

このモデルは

$$y_t = \begin{cases} y_t^*, & \mathbf{x}_t'\beta + \varepsilon_t > 0 \\ 0\ , & \text{それ以外} \end{cases} \tag{8.2}$$

として，あるいは

$$y_t = \max(0, \mathbf{x}_t'\beta + \varepsilon_t) \tag{8.3}$$

とも書かれる．ここで $\varepsilon_t \sim N(0, \sigma^2), t = 1, ..., n$ である．

二つの標本 $y_1 = y_1^*$，$y_2 = 0$ に対するこのモデルの尤度関数は，次のように表現できる．

$$\begin{aligned} p(y_1, y_2|\beta, \sigma^2) &= \phi((y_1 - \mathbf{x}_1'\beta)/\sigma)\mathrm{Pr}(\mathbf{x}_2'\beta + \varepsilon_2 \le 0) \\ &= \phi((y_1 - \mathbf{x}_1'\beta)/\sigma)F(-\mathbf{x}_2'\beta/\sigma) \end{aligned} \tag{8.4}$$

ここで $\phi(\cdot)$ は標準正規分布 $N(0, 1)$ の密度関数，$F(\cdot)$ はその分布関数を表す．

これを一般化して，観測値 $\mathbf{y} = (y_1, y_2, ..., y_n)$ に対する尤度関数は，$\Omega = \{t : y_t = y_t^*\}$ および $\Omega^c = \{t : y_t = 0\}$ としたとき

$$p(\mathbf{y}|\beta, \sigma^2) = \prod_{t \in \Omega} \phi((y_t - \mathbf{x}_t'\beta)/\sigma) \prod_{t \in \Omega^c} F(-\mathbf{x}_t'\beta/\sigma) \tag{8.5}$$

と表される．最尤法はこれを最大化するようにパラメータを決める．

他方，ベイズ推測では，負の値をとることで観測されずに 0 としてまとめられている変数を潜在変数とし，これを生成する．つまり，

$$y_t^+ = \begin{cases} y_t, & t \in \Omega \\ y_{\Omega t}^+, & t \in \Omega^c \end{cases} \tag{8.6}$$

として，このとき t 期のデータ y_t に対する尤度関数を

$$\begin{aligned} p\big(y_t|\beta,\sigma^2,y_{\Omega t}^+\big) &= \begin{cases} N\big(y_t|\mathbf{x}_t'\beta,\sigma^2\big), & t \in \Omega \\ I(y_{\Omega t}^+ \le 0)N\big(y_t|\mathbf{x}_t'\beta,\sigma^2\big), & t \in \Omega^c \end{cases} \\ &= \big[I(y_t=0)I(y_{\Omega t}^+ \le 0) + I(y_t>0)\big]\, N\big(y_t^+|\mathbf{x}_t'\beta,\sigma^2\big) \end{aligned} \tag{8.7}$$

と書く．ここで，$I(\cdot)$ は ( ) 内が成り立つとき 1，成り立たないとき 0 をとる関数である．これによって全期間のデータ $\mathbf{y}$ の尤度関数は

$$p(\mathbf{y}|\beta,\sigma^2,\mathbf{y}_\Omega^+) = \prod_{t=1}^{n}\big[I(y_t=0)I(y_{\Omega t}^+ \le 0) + I(y_t>0)\big]\, N\big(y_t^+|\mathbf{x}_t'\beta,\sigma^2\big) \tag{8.8}$$

と表される．

いまパラメータ (β,σ^2) と潜在変数 $\mathbf{y}_\Omega^+ = \big(y_{\Omega 1}^+,\ldots,y_{\Omega n}^+\big)$ に関する事前分布を

$$p\big(\beta,\sigma^2,\mathbf{y}_\Omega^+\big) = p\big(\mathbf{y}_\Omega^+|\beta,\sigma^2\big)p(\beta)p\big(\sigma^2\big) \tag{8.9}$$

と定義する．ここで

$$p\big(\mathbf{y}_\Omega^+|\beta,\sigma^2\big) = \prod_{t\in\Omega^c} N\big(y_{\Omega t}^+|\mathbf{x}_t'\beta,\sigma^2\big) \tag{8.10}$$

したがって，事前分布（式 (8.9)）と尤度関数（式 (8.8)）の積により，パラメータと潜在変数の同時事後分布は

$$\begin{aligned} p\big(\beta,\sigma^2,\mathbf{y}_\Omega^+|\mathbf{y}\big) &= p\big(\mathbf{y}_\Omega^+|\beta,\sigma^2\big)p(\beta)p\big(\sigma^2\big) \\ &\times \prod_{t=1}^{n}\big[I(y_t=0)I(y_{\Omega t}^+ \le 0) + I(y_t>0)\big]\, N\big(y_t^+|\mathbf{x}_t'\beta,\sigma^2\big) \end{aligned} \tag{8.11}$$

と書かれる．つまり，$y_t > 0$ の場合は，y_t を従属変数とし，$y_t = 0$ の場合は，

負の値をとる正規変数 y_t^+ を従属変数とする正規回帰モデルを設定した場合のベイズ推測となることがわかる．したがって，データと整合的な潜在変数 y_t^+ を人工的に拡大して発生させてしまえば，β，σ^2 に対して条件付共役事前分布 $\beta \sim N(\beta_0, \Sigma_0)$, $\sigma^2 \sim IG(\nu_0, s_0)$ を設定し，前章の回帰モデルに対するギッブスサンプリングのアルゴリズムが適用できることがわかる．この場合，パラメータの同時事後分布 $p\big(\beta, \sigma^2, \mathbf{y}_\Omega^+\big)$ は，式 (8.11) を潜在変数 $\mathbf{y}_\Omega^+$ に関して積分をして求められるが，MCMC ではこの積分による周辺分布化は，潜在変数のサンプリング系列を無視して分布の評価を行えばよい．

つまり，トービットモデルに対するギッブスサンプリングは次のようになる．

トービットモデルに対するギッブスサンプリング

1. 初期値 $\beta^{(0)}$，$\sigma^{2(0)}$，$g_\Omega^{+(0)}$ を設定する．
2. m 回目の繰返しで

$$\beta^{(m)} \sim N\big(\beta_1{}^{(m)}, \Sigma_1{}^{(m)}\big),\ \sigma^{2^{(m)}} \sim IG\big(\nu_1, s_1{}^{(m)}\big) \qquad (8.12)$$

ここで

$$\begin{aligned}
\beta_1{}^{(m)} &= \Sigma_1{}^{(m)}\big(\sigma^{-2^{(m-1)}} X'\mathbf{y}^{+(m-1)} + \Sigma_0{}^{-1}\beta_0\big) \\
\Sigma_1^{(m)} &= \big(\sigma^{-2^{(m-1)}} X'X + \Sigma_0{}^{-1}\big)^{-1} \\
\nu_1 &= \nu_0 + n \\
s_1{}^{(m)} &= s_0 + \big(\mathbf{y}^{+^{(m-1)}} - X\beta^{(m)}\big)'\big(\mathbf{y}^{+^{(m-1)}} - X\beta^{(m)}\big)
\end{aligned} \qquad (8.13)$$

3. $t \in \Omega^c$ に対する $y_t^{+(m)}$ は，切断正規分布 $TN_{(-\infty,0)}\big(\mathbf{x}_t'\beta^{(m)}, \sigma^{2^{(m)}}\big)$ からサンプリングを行う．
4. 2. へ戻り，$m = B + M$ まで繰り返す．ここで B は初期値の影響が残るバーンイン期間である．

このトービットモデルは，0 という離散型確率変数と正規分布に従う連続型確率変数を同時に含むモデルなので，離散–連続モデル (discrete–continuous model) ともよばれる．

R の分析例

次に，R のパッケージ “MCMCPack”のトービットモデルに対するコマンド：MCMCtobit を実行する例を示そう.

トービットモデル：ギッブスサンプリング

```
>library(survival)
>example(tobin)
>summary(tfit)
>tfit.mcmc <- MCMCtobit(durable~age + quant, data=tobin,
+ mcmc=20000,b0 = 0.0, B0 = 0, c0 = 0.001, d0 = 0.001,
+ verbose=1000)
> plot(tfit.mcmc)
> summary(tfit.mcmc)
```

そこでは X が (age, quant) の 2 つの重回帰のサンプルデータに対し，事前分布のパラメータを $\beta_0 = 0$，$\Sigma_0 = 0$，$\nu_0 = 0.001$，$s_0 = 0.001$ とし，また MCMC の繰返し回数を 21000 回，その最初の 1000 回をバーンインとして捨て，20000 個のサンプリングにより，切片 α と傾き β の事後分布を求めるものである．従属変数の打ち切り点は，$y_t > 0$ と指定している.

図 8.1 では，20000 個の MCMC 系列（左）とその経験分布（ヒストグラム）から描かれた事後分布（右）を α と β のそれぞれについて表している．図 8.2 では，回帰モデルと同様に計算結果を要約統計量として出力している.

8.3 二項プロビットモデル

次に，直接観測される従属変数が 0 または 1 の二値（バイナリー）データであり，正規回帰モデルと潜在変数でつながっている離散選択モデルを扱う.

このモデルは，たとえば，潜在変数が正 $(y_t^* > 0)$ のとき $y_t = 1$，負 $(y_t^* \leq 0)$ のとき $y_t = 0$ となるような場合であり，次のように定式化される.

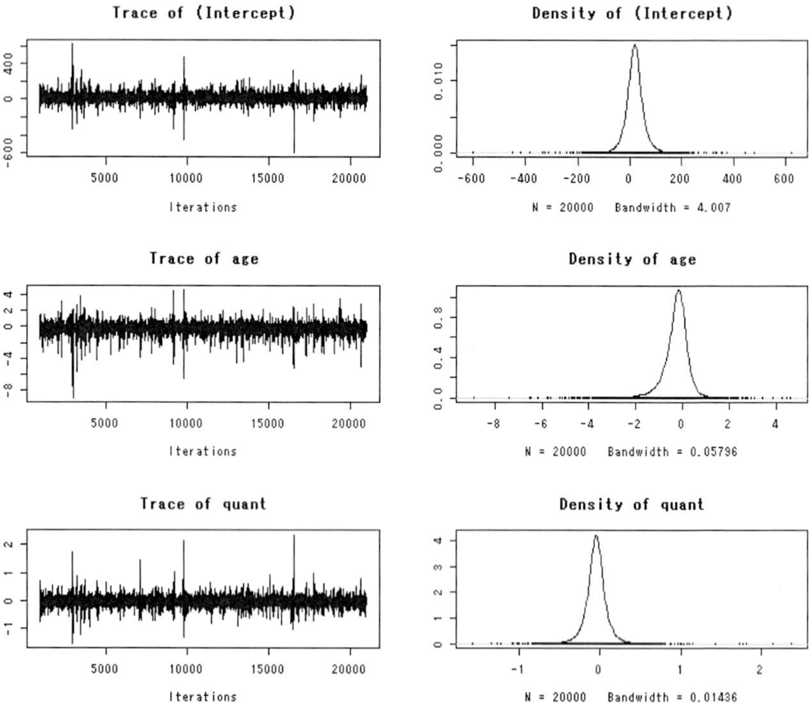

図 **8.1** 事後分布

```
Iterations = 1001:21000
Thinning interval = 1
Number of chains = 1
Sample size per chain = 20000

1. Empirical mean and standard deviation for each variable,
   plus standard error of the mean:

                 Mean       SD Naive SE Time-series SE
(Intercept)  18.53980  39.2003 0.277188       0.499879
age          -0.29145   0.5818 0.004114       0.009942
quant        -0.04648   0.1422 0.001006       0.001427
sigma2      173.09722 361.0501 2.553010      12.107377

2. Quantiles for each variable:

               2.5%     25%     50%       75%    97.5%
(Intercept) -55.1223 -0.5865 17.6714  36.12702  98.4133
age          -1.6044 -0.5153 -0.2242   0.01572   0.6172
quant        -0.3281 -0.1124 -0.0460   0.01921   0.2295
sigma2       19.6001 48.3753 86.6096 173.74384 823.2478
```

図 **8.2** 計算結果出力：トービットモデル

$$y_t^* = \mathbf{x}_t'\beta + \varepsilon_t; \quad \varepsilon_t \sim \text{i.i.d.}N(0,1) \tag{8.14}$$

$$y_t = \begin{cases} 1, & y_t^* > 0 \\ 0, & y_t^* \leq 0 \end{cases} \tag{8.15}$$

これは，労働経済学における就労決定の関係を記述する就労関数，つまりどのようなときに職に就くか $(y=1)$，就かないか $(y=0)$，マーケティングのブランド選択で，ブランドを購入するか，しないかを表す場合によく利用される．

たとえば，二つの標本 $y_1 = 1$，$y_2 = 0$ に対するモデルの尤度関数は，次のようになる．

$$\begin{aligned} p(y_1, y_2|\beta) &= \Pr\{\mathbf{x}_1'\beta + \varepsilon_1 > 0\}\Pr\{\mathbf{x}_2'\beta + \varepsilon_2 \leq 0\} \\ &= \big(1 - \Phi(-\mathbf{x}_1'\beta)\big)\big(\Phi(-\mathbf{x}_2'\beta)\big) \\ &= \Phi(\mathbf{x}_1'\beta)\big(1 - \Phi(\mathbf{x}_2'\beta)\big) \end{aligned} \tag{8.16}$$

ここで $\Phi(\cdot)$ は，標準正規分布の分布関数を表す．また対称な分布に対する分布関数の性質 $\Phi(-z) = 1 - \Phi(z)$ を用いている．

これを一般化して，観測値 $\mathbf{y} = (y_1, y_2, ..., y_n)$ に対する尤度関数は，$\Omega = \{t : y_t = 1\}$ および $\Omega^c = \{t : y_t = 0\}$ としたとき

$$p(\mathbf{y}|\beta) = \prod_{t\in\Omega} \Phi(\mathbf{x}_t'\beta) \prod_{t\in\Omega^c} \big(1 - \Phi(\mathbf{x}_t'\beta)\big) \tag{8.17}$$

と表される．最尤法はこれを最大化するようにパラメータを決める．

これに対してベイズ推測は，トービットモデルと同様に，観測値に対応する正規分布する潜在変数を人工的に拡大したデータ y^* として発生させ，これを従属変数とする回帰モデルを設定する．

トービットモデルと同様に，全データ $\mathbf{y} = \{y_1, y_2, ..., y_n\}$ に対する尤度関数は

$$\begin{aligned} p(\mathbf{y}|\beta, y_t^*) = \prod_{t=1}^{n} &\left[I(y_t = 0)I(y_t^* \leq 0) + I(y_t = 1)I(y_t^* > 0)\right] \\ &\times N(y_t^*|\mathbf{x}_t'\beta, 1) \end{aligned} \tag{8.18}$$

と書かれる．

パラメータ β と潜在変数 y^* に関する事前分布は

$$p\left(\beta, y_t^*\right) = p\left(y_t^*|\beta\right)p(\beta) \tag{8.19}$$

と書かれ，$p(y_t^*|\beta)$ は，モデルの式 (8.14) から導かれる正規分布 $N(\mathbf{y}_t^*|\mathbf{x}_t'\beta, 1)$ である．さらに $p(\beta)$ として正規分布 $N_k(\beta_0, \Sigma_0)$ を設定すると，事後分布は次のように書かれる．

$$\begin{aligned} p\left(\beta, y_t^*|\mathbf{y}\right) = \prod_{t=1}^{n} \Big[I(y_t = 0)I\left(y_t^* \leq 0\right) + I(y_t = 1)I\left(y_t^* > 0\right)\Big] \\ \times N(\mathbf{y}_t^*|\mathbf{x}_t'\beta, 1)N_k(\beta_0, \Sigma_0) \end{aligned} \tag{8.20}$$

したがって，データ $\mathbf{y}$ と整合的となるように生成した潜在変数 $\mathbf{y}^*$ を与件とすれば，分散が 1 の誤差項をもつ正規回帰モデルにおける回帰係数に対するベイズモデルとなる．

つまり，二項プロビットモデルに対するギッブスサンプリングは次のようになる．

二項プロビットモデルに対するギッブスサンプリング

1. 初期値 $\beta^{(0)}$，$y_t^{*(0)}$ を設定する．
2. m 回目の繰返しで

$$y_t^{*(m)} \sim \begin{cases} TN_{(0,\infty)}(\mathbf{x}_t'\beta^{(m-1)}, 1), & y_t = 1 \text{ のとき} \\ TN_{(-\infty,0)}(\mathbf{x}_t'\beta^{(m-1)}, 1), & y_t = 0 \text{ のとき} \end{cases} \tag{8.21}$$

$$\beta^{(m)}|y_t^{*(m)} \sim N\left({\beta_1}^{(m)}, {\Sigma_1}^{(m)}\right) \tag{8.22}$$

ここで

$$\begin{aligned} {\beta_1}^{(m)} &= {\Sigma_1}^{(m)}\left(X'\mathbf{y}^{*(m)} + {\Sigma_0}^{-1}\beta_0\right) \\ \Sigma_1^{(m)} &= \left(X'X + {\Sigma_0}^{-1}\right)^{-1} \end{aligned} \tag{8.23}$$

3. 2. へ戻り，$m = B + M$ まで繰り返す．ここで B は初期値の影響が残るバーンイン期間である．

R の分析例

例として，MCMCpack のコマンド "MCMCprobit" を用いて，y が変数名 low の二値変数，X が smoke の変数をもつ二項プロビットを適用してみる．ここでは，最初の 1000 回をバーンイン，MCMC の繰返しを 10000 回としてサンプリングにより切片 α と傾き β の事後分布を求めている．

二項プロビットモデル：データ拡大

```
Multinomial Probit by Data augmentation
> data(birthwt)
> posterior <- MCMCprobit(low~smoke, data=birthwt)
> plot(posterior)
> summary(posterior)
```

図 8.3 では，10000 個の MCMC 系列（左）とその経験分布（ヒストグラム）から描かれた事後分布（右）を α と β のそれぞれについて表している．次の図 8.4 では，回帰モデルと同様に計算結果を要約統計量として出力している．

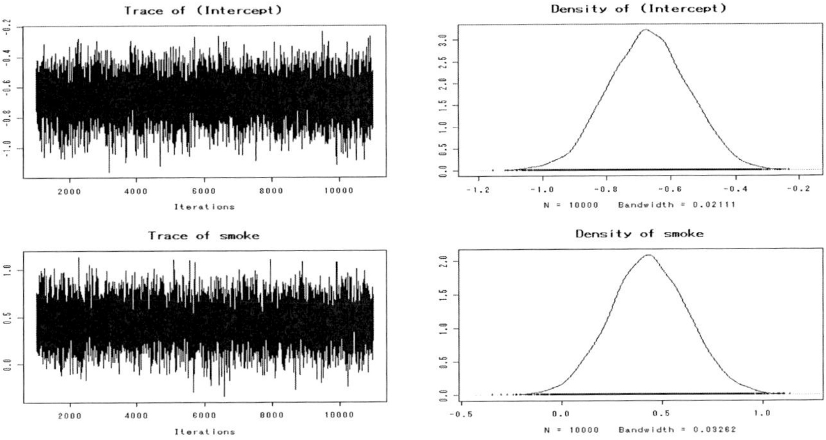

図 8.3 事後分布

```
Iterations = 1001:11000
Thinning interval = 1
Number of chains = 1
Sample size per chain = 10000

1. Empirical mean and standard deviation for each variable,
   plus standard error of the mean:

               Mean     SD Naive SE Time-series SE
(Intercept) -0.6704 0.1257 0.001257       0.002232
smoke        0.4355 0.1941 0.001941       0.002763

2. Quantiles for each variable:

               2.5%     25%     50%     75%   97.5%
(Intercept) -0.9186 -0.7555 -0.6710 -0.5856 -0.4275
smoke        0.0575  0.3056  0.4341  0.5665  0.8181
```

図 8.4 計算結果出力：二項プロビットモデル

8.4 二項ロジットモデル

モデル (8.14) の誤差項 ε_t の分布が正規分布でなく極値分布 (または Gumbel 分布) を仮定するとプロビットモデルの尤度関数に現れる分布関数 $\Phi(\mathbf{x}_t'\beta)$ は,

$$\Phi\bigl(\mathbf{x}_t'\beta\bigr) = \frac{\exp(\mathbf{x}_t'\beta)}{1+\exp(\mathbf{x}_t'\beta)} \tag{8.24}$$

と陽関数で表せる.

$p(\beta)$ として正規分布 $N_k(\beta_0, \Sigma_0)$ を設定すると, 尤度関数 (8.17) との積をとることにより事後分布のカーネルは, 次のように書かれる.

$$p(\beta|\mathbf{y},\mathbf{x}) \propto \left[\prod_{t\in\Omega}\left(\frac{\exp(\mathbf{x}_t'\beta)}{1+\exp(\mathbf{x}_t'\beta)}\right)\prod_{t\in\Omega^c}\left(1-\frac{\exp(\mathbf{x}_t'\beta)}{1+\exp(\mathbf{x}_t'\beta)}\right)\right] \times N_k(\beta_0,\Sigma_0) \tag{8.25}$$

この場合は共役分布の関係は利用できないので, 次の M–H サンプリングを利用する.

ランダムウォーク (RW) アルゴリズム

1. $\beta^{(0)}$ を初期値とする.
2. $\omega \sim N_k\left(0, \sigma_{RW}^2 I_k\right)$ をサンプリングし

$$\beta = \beta^{(m-1)} + \omega$$

とする（σ^2_{RW} の選択は採用確率の効率性と関係する）．

そのとき，採用確率は

$$\alpha\bigl(\beta^{(m-1)};\beta\bigr) = \min\left\{\frac{p\,(\beta|\mathbf{y},\mathbf{X})}{p\left(\beta^{(m-1)}|\mathbf{y},\mathbf{X}\right)}, 1\right\} \tag{8.26}$$

で与えられる．

3. 一様乱数 $u \sim U_{[0,1]}$ をサンプリングし，

$u \le \alpha(\beta^{(m-1)};\beta)$ のとき $\beta^{(m)} = \beta$ として採用し，これ以外は $\beta^{(m)} = \beta^{(m-1)}$ として採用せず，2. へ戻る．

ロジットモデルは，無関係な代替案からの独立 (I.I.A.: independence from irrelevant alternatives) という好ましくない性質をもつ．これは，二つの選択肢のそれぞれが選ばれる可能性が，式 (8.24) から

$$\begin{cases} \Pr\{y_t = A\} = \dfrac{\exp\{\mathbf{x}'_{At}\beta\}}{\exp\{\mathbf{x}'_{At}\beta\} + \exp\{\mathbf{x}'_{Bt}\beta\}} \\ \Pr\{y_t = B\} = \dfrac{\exp\{\mathbf{x}'_{Bt}\beta\}}{\exp\{\mathbf{x}'_{At}\beta\} + \exp\{\mathbf{x}'_{Bt}\beta\}} \end{cases} \tag{8.27}$$

とも書けることに注意すると，選択肢 A と選択肢 B が選択される確率の比で定義されるオッズ比 (odds ratio) は

$$\frac{\Pr\{y_t = A\}}{\Pr\{y_t = B\}} = \frac{\exp\{\mathbf{x}'_{At}\beta\}}{\exp\{\mathbf{x}'_{Bt}\beta\}} \tag{8.28}$$

と書かれる．

選択肢が A，B に加えて C を含む場合，式 (8.27) の分母に C の $\exp\{\mathbf{x}'_{Ct}\beta\}$ が付け加わって，A および B が選択される確率が

$$\begin{cases} \Pr\{y_t = A\} = \dfrac{\exp\{\mathbf{x}'_{At}\beta\}}{\exp\{\mathbf{x}'_{At}\beta\} + \exp\{\mathbf{x}'_{Bt}\beta\} + \exp\{\mathbf{x}'_{Ct}\beta\}} \\ \Pr\{y_t = B\} = \dfrac{\exp\{\mathbf{x}'_{Bt}\beta\}}{\exp\{\mathbf{x}'_{At}\beta\} + \exp\{\mathbf{x}'_{Bt}\beta\} + \exp\{\mathbf{x}'_{Ct}\beta\}} \end{cases} \tag{8.29}$$

と変化する．これに対して，これらの比 $\Pr\{y_t = A\}/\Pr\{y_t = B\}$ は，C が

加わる前と同じで，C にかかわらず同じ式 (8.28) の右辺となる．

このように，選択肢の数が変化した場合でも，当該二つの選択肢が選択される可能性の比は，選択肢の数にかかわらず一定である．この性質は，選択行動においては，一般に不自然な状況を表現しており，ロジットモデルに対する批判として取り上げられてきた．

しかし，これらの批判を超えて盛んに応用されてきたのは，選択確率がパラメータの陽関数として明示的に表現でき，最尤推定が容易に行えるという統計的推測における操作性からの要請が強い．

これに対して，プロビットモデルの場合には，I.I.A. のような望ましくない性質はない．むしろ，ϵ_{it} を誤差項として扱うためには，正規分布を仮定するのがより自然であるといえよう．

R の分析例

次のコードは，R のパッケージ "MCMCPack" の二項ロジットモデルに対するコマンド：MCMClogit を実行した例を示している．

二項ロジットモデル：**M–H** サンプリング

```
Binary Logit by M-H sampling
> data(birthwt)
> posterior <- MCMClogit(low~age+smoke, b0=0, B0=.001,
+ burnin = 1000, mcmc = 10000, data=birthwt)
> plot(posterior) > summary(posterior)
```

そこでは説明変数 X が切片および (age, smoke) の 2 変数で，サンプルデータ (birthwt) を分析する．事前分布は，正規分布を仮定し，そのパラメータを平均ベクトル $\beta_0 = 0$ および分散共分散行列の逆行列で定義される精度行列を $\Sigma_0^{-1} = 0.01 I_3$ とした．つまり，パラメータの事前分散がそれぞれ 100 という無情報に近い事前分布を設定している．また MCMC の繰返し回数は 11000 回，その最初の 1000 回をバーンインとして捨て，10000 個のサンプリングにより，切片 α と傾き β_1，β_2 の事後分布を求めた．

図 8.5 では，10000 個の MCMC 系列（左）とその経験分布（ヒストグラム）

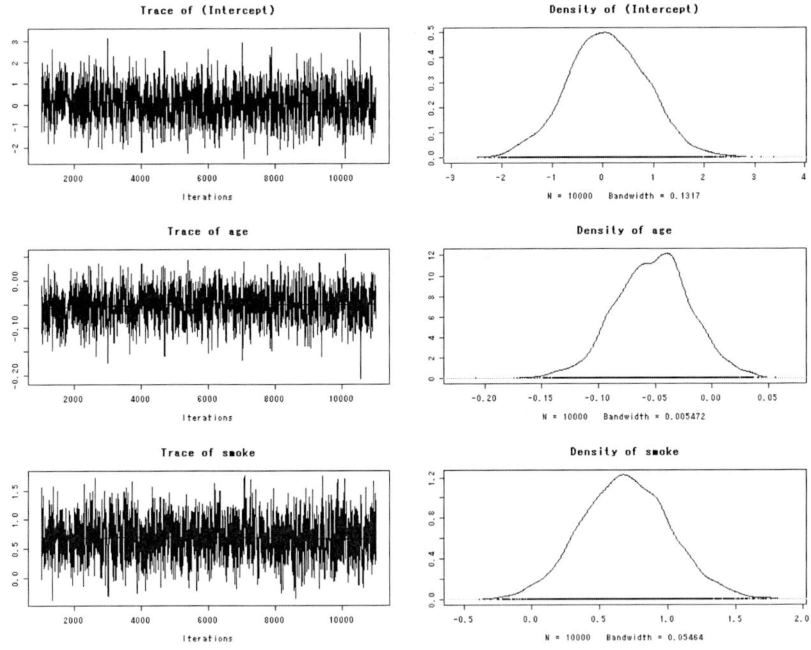

図 **8.5**　事後分布

から描かれた事後分布（右）を α と β_1，β_2 のそれぞれについて表している．M–H サンプリングが規定の回数終了した後，M–H サンプリングの採択率が出力され，この例の場合は 0.41109 と出力された．図 8.6 では，事後分布の計算結果を要約統計量として出力している．

8.5　多項離散選択モデル

次には選択肢数が $m+1$ の場合に離散選択モデルを拡張する．t 期における選択対象となる $m+1$ 個の選択肢の効用関数を下記で定義する．

$$U_{jt} = X'_{jt}\beta + e_{jt}, \quad j = 1, ..., m+1 \tag{8.30}$$

ここで X_{jt} は，p 次元の説明変数ベクトルである．

$m+1$ 個の選択肢の効用のなかで j の効用が最大

```
Iterations = 1001:11000
Thinning interval = 1
Number of chains = 1
Sample size per chain = 10000

1. Empirical mean and standard deviation for each variable,
   plus standard error of the mean:

                Mean      SD  Naive SE Time-series SE
(Intercept)  0.09399 0.78373 0.0078373       0.024541
age         -0.05192 0.03295 0.0003295       0.001068
smoke        0.69249 0.32523 0.0032523       0.010616

2. Quantiles for each variable:

                2.5%      25%      50%      75%  97.5%
(Intercept) -1.47912 -0.42880  0.08399  0.62812 1.5886
age         -0.11908 -0.07403 -0.05057 -0.03039 0.0123
smoke        0.05021  0.47021  0.68683  0.91203 1.3518
```

図 **8.6** 計算結果出力：二項ロジットモデル

$$U_{jt} = \max(U_{1t}, U_{2t}, ..., U_{m+1t}) \tag{8.31}$$

のときに j が選択され，その選択確率を $\Pr\{\max(U_{1t}, U_{2t}, ..., U_{m+1t})\}$ は

$$\Pr\{U_{jt} \geq U_{kt} | y_t = j\} \tag{8.32}$$

と書くことにする．

このブランド選択確率の表現から，すべての選択肢の効用 $j = 1, ..., m+1$ に共通の定数 c を加えて $U'_{jt} = U_{jt} + c$ とした場合でも，また正の定数 d を乗じた $U''_{jt} = dU_{jt}$ の場合でも同じ結果を示すことがわかる．つまり，

$$\begin{aligned}
&\Pr\{U_{jt} \geq U_{kt} | y_t = j\} \\
&= \Pr\bigl\{U_{jt} + c(= U'_{jt}) \geq U_{kt} + c(= U'_{kt}) | y_t = j\bigr\} \\
&= \Pr\bigl\{dU_{jt}(= U''_{jt}) \geq dU_{kt}(= U''_{kt}) | y_t = j\bigr\}
\end{aligned} \tag{8.33}$$

したがって，c を各選択肢の効用水準を共通に変化させる位置パラメータ，d を効用スケールを共通に変化させる尺度パラメータとみた場合，これらは離散選択モデルからは識別できないことがわかる．前者を共通な位置パラメータに関して識別性のないモデル，後者を共通な尺度パラメータに関して識別性のないモデルであるという．

この問題に対して，まず前者については二項離散選択モデルと同様に，$m+1$ 番目の選択肢を基準として他の $i = 1, ..., m$ に対して差をとり，相対効用

$$u_{it} = U_{it} - U_{m+1t} = \left(X'_{it} - X'_{m+1t}\right)\beta + (e_{it} - e_{m+1t})$$
$$\equiv \mathbf{x}'_{it}\beta + \varepsilon_{it}, \tag{8.34}$$

を定義して識別性を確保する.

そのとき，基準以外の選択肢 j が選択される $(y_t = j)$ 場合，u_{jt} は m 個の選択肢の効用のなかで最大で正の値をとる．選択された選択肢が基準の場合には，m 個の効用はすべて負の値をとる．つまり

$$u_{jt} = \begin{cases} \max(u_{1t}, u_{2t}, ..., u_{mt}) > 0, & j \neq m+1 \\ < 0, & j = m+1 \end{cases} \tag{8.35}$$

の制約を満たさなければならない.

いま式 (8.35) を満たす $(u_{1t}, u_{2t}, ..., u_{mt})$ に関する m 次元の空間を R_t^m としたとき，選択データ $\mathbf{y} = \{y_t, t = 1, ..., n\}$ に対する選択確率は

$$\prod_{t=1}^{n} \iiint_{R_t^m} f(u_{1t}, u_{2t}, ..., u_{mt}) du_{1t} du_{2t}, ..., du_{mt} \tag{8.36}$$

で表される.

8.6 多項プロビットモデルのデータ拡大

ロジットモデルの場合，誤差項 e_{1ht}，e_{2ht} は，それぞれ独立に平均ゼロ，分散 $\pi^2/3$ の同じ極値分布に従うと仮定された．これに対してプロビットモデルの場合には，誤差項の分散は同じである必要はなく，また互いに相関をもっていてもよい．したがって，プロビットモデルのほうが表現力の豊かなモデルといえよう．しかし，選択確率がロジットモデルと異なり積分表現を伴うため，ベイズ統計のデータ拡大手法が登場するまでは操作性が高いモデルとはいえない側面があった.

本節では，多項プロビットモデルのデータ拡大の手法について説明する.

式 (8.40) の分布の仮定の下で，t 期に j を選択した $(y_t = j)$ 確率は，

$$\Pr\{y_t = j\} = \int_{R_t^m} (2\pi)^{-m/2} |\Sigma|^{-1/2} \exp\left\{-\frac{1}{2}\varepsilon_t'\Sigma^{-1}\varepsilon_t\right\} d\varepsilon_t$$
$$= \int_{R_t^m} (2\pi)^{-m/2} |\Sigma|^{-1/2} \exp\left\{-\frac{1}{2}(\mathbf{u}_t - \mathbf{X}_t\beta)'\Sigma^{-1}(\mathbf{u}_t - \mathbf{X}_t\beta)\right\} d\mathbf{u}_t \tag{8.37}$$

と表される．

二項プロビットモデルの場合と同様に，この制約を満たす効用の潜在変数を $\mathbf{u}^a = \left\{u_{jt}^a\right\}$ とし，式 (8.34) の構造をまとめて行列表記して下記が得られる．

$$\begin{pmatrix} u_{1t}^a \\ u_{2t}^a \\ \vdots \\ u_{mt}^a \end{pmatrix} = \begin{pmatrix} \mathbf{x}_{1t}' \\ \mathbf{x}_{2t}' \\ \vdots \\ \mathbf{x}_{mt}' \end{pmatrix} \beta + \begin{pmatrix} \varepsilon_{1t} \\ \varepsilon_{2t} \\ \vdots \\ \varepsilon_{mt} \end{pmatrix} \tag{8.38}$$

$$\mathbf{u}_t^a = \mathbf{X}_t\beta + \varepsilon_t \tag{8.39}$$

ここで

$$\varepsilon_t \sim TN_{m_{[\varepsilon_t \in R_t^m]}}(0, \Sigma) \tag{8.40}$$

であり，ε_t は t に関しては無相関であるとする．

8.6.1 潜在変数のギッブスサンプリング

式 (8.39) より，β およびデータ $(\mathbf{y}_t, \mathbf{X}_t)$ を与えたときの潜在変数の効用ベクトル $\mathbf{u}_t^a$ の分布は

$$\mathbf{u}_t^a = (u_{1t}^a, u_{2t}^a, ..., u_{mt}^a)' \sim TN_{m_{[\mathbf{u}_t^a \in R_t^m]}}(\mathbf{X}_t\beta, \Sigma) \tag{8.41}$$

である．ここで，$\mathbf{u}_t^a|\mathbf{y}_t, \mathbf{X}_t, \beta, \Sigma$ の発生法をみていく．

m 次元ベクトル $\mathbf{u}_t^a$ から i 番目の要素 u_{it}^a を除いた $m-1$ 次元のベクトルを $\mathbf{u}_{t(-i)}^a = (u_{1t}^a, ..., u_{i-1t}^a, u_{i+1t}^a, ..., u_{mt}^a)'$ とするとき，$f(\mathbf{u}_t^a|\mathbf{y}_t, \mathbf{X}_t, \beta, \Sigma)$ のギッブスサンプリングは，完全条件付分布を用いて，

$$
\begin{array}{ll}
(1) & u_{1t}^a|\mathbf{u}_{t(-1)}^a, \mathbf{y}_t, \mathbf{X}_t, \beta, \Sigma \\
(2) & u_{2t}^a|\mathbf{u}_{t(-2)}^a, \mathbf{y}_t, \mathbf{X}_t, \beta, \Sigma \\
\vdots & \\
(m) & u_{mt}^a|\mathbf{u}_{t(-m)}^a, \mathbf{y}_t, \mathbf{X}_t, \beta, \Sigma
\end{array}
\tag{8.42}
$$

として表され，それぞれの条件付分布は次の一変量切断正規分布をする．

$$
u_{kt}^a|\mathbf{u}_{t(-k)}^a, \mathbf{y}_t, \mathbf{X}_t, \beta, \Sigma \sim N_{1_{[u_{kt}^a \in R_t^1]}}(\mu_{kt}^*, \sigma_k^{*2}) \tag{8.43}
$$

ここで，

$$
\begin{cases}
\mu_{kt}^* = \mu_k - \Sigma_{k(-k)}\Sigma_{(-k)(-k)}^{-1}(\mathbf{u}_{t(-k)}^a - \mu_{(-k)}^a) \\
\sigma_k^{*2} = \sigma_k^2 - \Sigma_{k(-k)}\Sigma_{(-k)(-k)}^{-1}\Sigma_{k(-k)}
\end{cases}
\tag{8.44}
$$

である．

各効用の切断領域は，$y_t = j$ のとき

$$
\begin{cases}
u_{jt}^a > \max\{\mathbf{u}_{t(-j)}^a\} \\
u_{kt}^a \leq \max\{\mathbf{u}_{t(-k)}^a\}, \quad k \neq j
\end{cases}
\tag{8.45}
$$

と定義できる．

したがって，$y_t = j$ のときのデータ拡大は，$k = 1$ からスタートして
$k \neq j$ のとき

$$
(k) \quad u_{kt}^a|\mathbf{u}_{t(-k)}^a, - \sim TN_{[u_{kt}^a \leq \max\{\mathbf{u}_{t(-k)}^a\}]}(\mu_{kt}^*, \sigma_k^{*2}) \tag{8.46}
$$

$k = j$ のとき

$$
(j) \quad u_{jt}^a|\mathbf{u}_{t(-j)}^a, - \sim TN_{[u_{jt}^a > \max\{\mathbf{u}_{ht(-j)}^a\}]}(\mu_{jt}^*, \sigma_j^{*2}) \tag{8.47}
$$

と m 個の切断正規分布からの乱数を発生させる．各条件付分布は 1 変量切断正規分布であり，本章末の付録 A より容易に発生できる．

8.6.2 モデルの識別性

プロビットモデルの分散パラメータ Σ の (i,j) 要素を σ_{ij} とし，モデルのパラメータ $(\mathbf{u}_t^a, \beta, \{\sigma_{ij}^{1/2}\})$ の各要素をすべて c 倍したパラメータ

$(c\mathbf{u}_t^a, c\beta, \{c\sigma_{ij}^{1/2}\}) \equiv (\mathbf{u}_t^*, \beta^*, \{\sigma_{ij}^{*1/2}\})$ をもつ別のプロビットモデルを考える．このとき，その尤度関数は変換のヤコビアン $|J_{\mathbf{u}_t \to (c\mathbf{u}_t)}| = c^m$ であることから

$$
\begin{aligned}
&p\big(\beta^*, \{\sigma_{ij}^{*1/2}\}|\mathbf{u}_\mathrm{t}{}^*, \mathbf{X}_t\big) = |J_{\mathbf{u}_t \to (c\mathbf{u}_t)}| \times \\
&(2\pi)^{-m/2} \left|c^2\Sigma\right|^{-1/2} \exp\left\{-\frac{1}{2}\left(c\mathbf{u}_t^a - \mathbf{X}_t\left(c\beta\right)\right)'\left(c^{-2}\Sigma^{-1}\right)\left(c\mathbf{u}_t^a - \mathbf{X}_t\left(c\beta\right)\right)\right\} \\
&\quad = (2\pi)^{-m/2} \left|\Sigma\right|^{-1/2} \exp\left\{-\frac{1}{2}\left(\mathbf{u}_t^a - \mathbf{X}_t\beta\right)'\Sigma^{-1}\left(\mathbf{u}_t^a - \mathbf{X}_t\beta\right)\right\} \\
&\quad = p\big(\beta, \{\sigma_{ij}^{1/2}\}|\mathbf{u}_t^a, \mathbf{X}_t\big)
\end{aligned}
$$

となり，二つのモデルは同じ尤度関数をもつ．データからはこれらのいずれであるかを区別できないことから識別性がないモデルとよばれる．

この問題に対しては，通常 $\sigma_{11} = 1$ という制約を事前に設定して，一つのパラメータを基準化した分散共分散行列 $\Sigma^{(1,1)} = 1$ を利用することで対処する．このときのモデルのパラメータは，σ_{11}^2 を除いて $(\mathbf{u}_t^a, \beta, \{\sigma_{ij}^{1/2}{}_{(-\sigma_{11})}\})$ であり，先と同じようにこの各要素を c 倍したモデル $(c\mathbf{u}_{ht}^a, c\beta, \{c\sigma_{ij}^{1/2}{}_{(-\sigma_{11})}\})$ の尤度関数は $(\mathbf{u}_{ht}^a, \beta, \{\sigma_{ij}^{1/2}\})$ のモデルの尤度関数と同一にならない．

以上を整理すると，プロビットモデルに対するギッブスサンプリングは，次の 3 種類の条件付事後分布を完全条件付分布として利用する．

$$
\begin{aligned}
&(1) \quad \mathbf{u}_t^a|\mathbf{y}_t, \mathbf{X}_t, \beta, \Sigma \\
&(2) \quad \beta|\mathbf{X}_t, \mathbf{u}_t^a, \Sigma \\
&(3) \quad \Sigma|\mathbf{X}_t, \mathbf{u}_t^a, \beta
\end{aligned}
\tag{8.48}
$$

(1) は上記のデータ拡大であり，条件付分布として 1 変量切断正規分布 (式 (8.43)) で発生できる．(2) は正規分布，(3) は逆ウィシャート分布である．

いま，識別性を保障するプロビットモデルの場合，分散共分散行列の (1,1) 要素は 1 と固定され，確率変数ではなく m 次元の逆ウィシャート分布を直接仮定できない．これに対して McCulloch and Rossi(1994) は，この識別問題に対して次の方法を提案した．識別性を無視して，(1,1) 要素を 1 と固定しない分散共分散行列 Σ を，フルランクの逆ウィシャート分布 $\Sigma|\mathbf{X}_t, \mathbf{u}_t^a, \beta$ から乱数発生させ,

$$
\beta' = \frac{1}{\sigma_{11}}\beta, \quad \Sigma' = \frac{1}{\sigma_{11}}\Sigma \tag{8.49}
$$

と事後的において上記の識別性を成立させるモデルである．

このほか，$\sigma_{11} = 1$ の制約の下で β' や Σ' の乱数を発生させる方法も提案されている．

8.7　多項ロジットモデル

これに対して，ロジットモデルの場合はデータ拡大が利用できず，メトロポリス–ヘイスティングスサンプリング（M–H サンプリング）が有効な評価手段となる．

まず，$m+1$ 個の選択肢から j が選択される確率は，

$$\Pr\{y_t = j\} = \frac{\exp\{\mathbf{x}'_{jt}\beta\}}{\exp\{\mathbf{x}'_{1t}\beta\} + \cdots + \exp\{\mathbf{x}'_{m+1t}\beta\}} \tag{8.50}$$

で与えられることから，尤度関数は

$$p(\mathbf{y}|\beta) = \prod_{t=1}^{n} \Pr\{y_t = j\} = \prod_{t=1}^{n} \left[\frac{\exp\{\mathbf{x}'_{jt}\beta\}}{\exp\{\mathbf{x}'_{1t}\beta\} + \cdots + \exp\{\mathbf{x}'_{m+1t}\beta\}}\right] \tag{8.51}$$

で与えられる．

いま，β に対する事前分布として，正則（proper）な正規分布 $\beta \sim N(\beta_0, A_0)$ を仮定した場合，事前密度関数

$$p(\beta) \propto |A_0|^{-1/2} \exp\{(\beta - \beta_0)' A_0^{-1} (\beta - \beta_0)\} \tag{8.52}$$

と尤度関数（式 (8.51)）の積によって事後確率 $p(\beta|\mathbf{y}) \propto p(\beta)p(\mathbf{y}|\beta)$ を評価する．

その際，完全条件付事後分布は得られないので，第 5 章で展開された M–H サンプリングを適用する．このとき，第 5 章の議論から，β から β' へ推移する際の採用確率は

$$\alpha(\beta, \beta') = \min\left\{\frac{p(\mathbf{y}|\beta')p(\beta')}{p(\mathbf{y}|\beta)p(\beta)}, 1\right\} \tag{8.53}$$

と規定され，事後確率の比が採用確率となる．ここで，β' から β への推移は，ランダムウォークアルゴリズムを利用する場合は

$$\beta' = \beta + z,\ z \sim N_k(0, dI) \tag{8.54}$$

で定義される．

付　　録

A：切断正規分布と乱数発生

以下では，トービットモデルやプロビットモデルで必要となる切断正規分布からの乱数発生を解説する．

(i) 定義と密度関数

平均 μ，分散 σ^2 の正規分布で区間 (a,b) に限定された確率変数 x を区間 (a,b) の切断正規分布 (truncated normal distribution) とよび，

$$x \sim TN_{(a,b)}\left(\mu, \sigma^2\right) \tag{8.55}$$

と書く．$\phi\left(\mu, \sigma^2\right)$ を平均 μ，分散 σ^2 の正規分布の確率密度関数とするとき，切断正規分布の密度関数は

$$f(x) \sim \frac{\phi(\mu, \sigma^2)}{\Pr\{x \in (a,b)\}} \tag{8.56}$$

で与えられる．これは，定義域 (a,b) 上で積分して 1 となる必要があることから容易に確認できる．

切断正規分布からの乱数発生に関しては，次の性質を利用する．

(ii) 分布関数の分布

一般に，ある確率変数 Y の分布関数 $F(Y)$

$$\Pr\{Y \leq y\} = F(y) \tag{8.57}$$

に対して，y を確率変数として $F(Y)$ を確率変数とみた場合，$F(Y)$ の分布は (0,1) の一様分布

$$U = F(Y) \sim U(0,1) \tag{8.58}$$

となる性質をもつ．

証明：いま，U の分布関数 F は単調で逆関数をもつので

$$F_U(u) = \Pr\{U = F(Y) \le u\} = \Pr\big\{Y \le F^{-1}(u)\big\} = F\big(F^{-1}(u)\big) = u \tag{8.59}$$

が成立する．他方，一様分布は $F_U\,(u) = u, 0 < u \le 1$ として特徴づけられるので，式 (8.58) が成り立つ．

(iii) 乱数発生

次に切断正規分布 $TN_{(a,b)}(\mu, \sigma^2)$ からの乱数 y を発生させる方法をみてみよう．この確率密度関数（式 (8.56)）から，分布関数は

$$G(y) = \frac{\int_a^y \phi\big(\mu, \sigma^2\big)dx}{\Pr\{x \in (a,b)\}} = \frac{F(y) - F(a)}{F(b) - F(a)} \tag{8.60}$$

と表される．ここで，$F(y)$ は正規分布 $N(\mu, \sigma^2)$ の分布関数 $\int_{-\infty}^y \phi(\mu, \sigma^2)dx$ である．いま, $G(y) \sim U(0,1)$ であることから $u \sim U(0,1)$ として，$\frac{F(y)-F(a)}{F(b)-F(a)} = u$ より，

$$F(y) = F(a) + u(F(b) - F(a)) \tag{8.61}$$

の関係が得られる．したがって，正規分布の分布関数の逆関数 $F^{-1}(\cdot)$ により

$$y = F^{-1}[F(a) + u(F(b) - F(a))] \tag{8.62}$$

として乱数発生ができる．

m 次元の切断正規分布する変数 $\mathbf{x}$ について，同様に $\phi^m(\mu, \Sigma)$ を m 変量正規分布の密度関数とし，$\mathbf{x} \in R^m$ で切断される正規分布を

$$f(\mathbf{x}) \sim \frac{\phi^m(\mu, \Sigma)}{\Pr\{\mathbf{x} \in R^m\}} \tag{8.63}$$

と定義し，下記のように表記する．

$$\mathbf{x} \sim TN_{m[\mathbf{x} \in R^m]}(\mu, \Sigma) \tag{8.64}$$

B：多変量正規分布の性質

以下では，多変量正規分布に関する性質をまとめておく．いま，X が平均 μ, 分散共分散行列 Σ の n 変量正規分布 $N_n(\mu, \Sigma)$ をするとき，その確率密度関

数は

$$f(X|\mu,\Sigma) = (2\pi)^{-n/2}|\Sigma|^{-1/2}\exp\left\{-\frac{1}{2}(X-\mu)'\Sigma^{-1}(X-\mu)\right\} \tag{8.65}$$

で与えられる．X をそれぞれ n_1，n_2 次元のベクトルへと分割して $X = (X_1', X_2')'$ とし，$X_2 = x_2$ を与えたときの X_1 の条件付分布は正規分布であり，次の密度関数をもつ．

$$\begin{aligned} &f(X_1|X_2 = x_2, \mu, \Sigma) \\ &= (2\pi)^{-n_1/2}|\Sigma^*|^{-1/2}\exp\left\{-\frac{1}{2}(X_1-\mu^*)'{\Sigma^*}^{-1}(X_1-\mu^*)\right\} \end{aligned} \tag{8.66}$$

ここで，

$$\mu^* = \mu_1 - \Sigma_{12}\Sigma_{22}^{-1}(x_2-\mu_2), \Sigma^* = \Sigma_{11} - \Sigma_{12}\Sigma_{22}^{-1}\Sigma_{21}, \begin{pmatrix} \Sigma_{11}\Sigma_{12} \\ \Sigma_{21}\Sigma_{22} \end{pmatrix} = \Sigma \tag{8.67}$$

である．

9 動学ベイズモデル

9.1 時系列データと動学モデル

データ y_i が時間に依存して観測されるとき，つまり i が観測時間を表すとき，時系列データとよび，これを以下では $\{y_t, t = 1, ..., n\}$ と書く．データを観測する際，実験を通じた制御により観測値が独立とできる場合などを除いて，データ間の時間的依存関係は一般的な前提である．特に経済や経営など社会科学の分野に典型的であるように，データを受動的かつ経時的に観察する場合，観測値の独立性の仮定をおくことはできない．また背後にある変数間の関係の時間的変化——ダイナミクス——を分析して構造の解釈をしたり，将来を予測する問題においては，変数間の時間的関係をとらえる動学モデルが重要となる．本章では，ベイズモデルとしての動学線形モデル (DLM：dynamic linear models) をみてゆこう．

時系列データの動学的ベイズモデリングと予測は，統計科学における重要な研究領域の一つである．ベイズモデルを用いた動学分析の特徴は，(i) 推定と予測を区別しないこと，(ii) 予測に関して予測分布を自然な形で定義すること，(iii) 新しいデータの入手による情報の更新が学習過程として自然にモデル化されていること，である．

また，本章で説明する DLM におけるベイズ予測は，履歴，事実や主観的経験や予定されているイベントの知識を含めて，あらゆる情報源が利用されること，さらにモデル分解によりさまざまな DLM をサブモデルとして取り込めることなどの特徴がある．より包括的な議論は，Harvey(1989)，West and

Harisson(1997), Pole, *et al.*(1994) などで与えられている.

9.2 モデルの構造

9.2.1 DLM：動学線形モデル

動学線形モデルは, 時変係数パラメータをもつ幅広いクラスのモデルを含み, 時系列データのモデリングや動学的回帰分析に有用である. これは Harrison and Stevens(1976) によって導入され, West and Harrison(1997) の書籍でよく解説されている. 本項では, 動学モデルの基本的諸側面および回帰と時系列における例を取り上げる.

動学線形モデルは, データとパラメータの関係を示す観測方程式 (observation equation) とパラメータの時間的推移を記述するシステム方程式 (system equation) とよばれる 1 組の方程式で特徴づけられる. これは回帰モデルをそのパラメータが時間とともに変化するモデルへ一般化したものとみることができる. 観測方程式およびシステム方程式は, $t = 1, ..., n$ に対してそれぞれ次で与えられる.

DLM の構造

$$y_t = F_t'\theta_t + v_t, \quad v_t \sim N(0, V_t) \tag{9.1}$$

$$\theta_t = G_t\theta_{t-1} + w_t, \quad w_t \sim N(0, W_t) \tag{9.2}$$

$$(\theta_0|D_0 \sim N(m_0, C_0)) \tag{9.3}$$

ここで y_t はスカラーの観測値の時系列でパラメータの系列 θ_t が与えられれば独立なもの, F_t は $p \times 1$ の説明変数ベクトル, θ_t は $p \times 1$ のパラメータベクトル, G_t は $p \times p$ のパラメータの時間変化を表す行列, 最後に V_t および W_t はそれぞれ 1 次元観測方程式の誤差, p 次元システム方程式の誤差を表している. たとえば, すべての t に対して $G_t = I_p$ (p 次の単位行列) および $w_t = 0$ のとき, 通常の線形回帰モデルと同じものを表している. 他方, F_t, V_t, W_t がすべての t に関して定数であれば, これは 9.3 節でみるように, Box and Jenkins(1976) の ARMA 過程のような線形時系列モデルをカバーすることになる.

動学線形モデルは4次元の要素 $\{F_t, G_t, V_t, W_t\}$ によって完全に特定化される．この二つの特殊形は，$F_t = F$，$G_t = G$ の場合の時系列モデルと $G_t = I_p$ の場合の動学回帰モデル（時変係数回帰モデル）である．

次ではDLMが表現するさまざまなモデルをみてみよう．

例 **9.1**：多項式トレンドモデル

時系列の最も単純なモデルは1次の多項式モデルであり，それは時系列トレンドとよばれるスムーズな時間関数をテーラー展開して1次までの項を求めたものである．このモデルは，4次元要素 $\{1, 1, V, W\}$ で完全に定義される．上記の方程式では，

$$\begin{cases} y_t = \mu_t + v_t, \quad v_t \sim N(0, V) \\ \mu_t = \mu_{t-1} + w_t, \quad w_t \sim N(0, W) \end{cases} \tag{9.4}$$

と特定化される．ここで $\theta_t = \mu_t$ は1次元の確率トレンドを表し，トレンドの1回差分 $\Delta\mu_t = \mu_t - \mu_{t-1} (= w_t)$ が期待値ゼロであることを表している．一般の表現では，$F = G = 1$ に対応している．このモデルは非常に単純であるが，株価や生産計画のような大規模時系列データの短期予測システムに応用できる．観測方程式および時変パラメータ μ_t の分散も時変にして V_t，W_t とすることが可能であり，モデリング範囲を幅広くカバーできる．

これよりやや複雑なモデルとして，2次の確率トレンドモデルがあり，線形成長モデル (LGM: linear growth model) ともよばれている．これは，$\gamma_t = \mu_t - \mu_{t-1}$ として，トレンドの2回差分 $\Delta^2\mu_t = \Delta\gamma_t$ の期待値がゼロの周りで安定して変動していることを意味している．DLMでは

$$\begin{cases} y_t = \mu_t + v_t \\ \mu_t = \mu_{t-1} + \gamma_{t-1} + w_{1,t} \\ \gamma_t = \gamma_{t-1} + w_{2,t} \end{cases} \tag{9.5}$$

で表される．このとき $\theta_t = (\mu_t, \gamma_t)'$ であり，μ_t は過程の現在レベルと解釈でき，さらにすべての t に関して，$F_t = \begin{pmatrix} 1 \\ 0 \end{pmatrix}$，$G_t = \begin{pmatrix} 1 & 1 \\ 0 & 1 \end{pmatrix}$ であることが容易に確認できる．

例 **9.2**：時変係数回帰モデル

(x_t, y_t) が時間を通じて観測され，y_t を p 次元の説明変数 x_t によって説明す

るモデルを考える．これらの関係に対して線形モデルがよく近似できると仮定すれば，単純な線形回帰モデルが設定できる．線形関係は x と y の間の真の関数関係を局所的に近似しているのにすぎないので，時変パラメータをもつモデルは合理的といえる．たとえば，変数の除外，x と y の間の非線形な関数関係，分析対象の過程に生じうる構造変化などは，パラメータが時間的に不安定であることの理由となりうる．このモデルの DLM による表現は

$$\begin{cases} y_t = x_t'\beta_t + v_t, & v_t \sim N(0, V) \\ \beta_t = \beta_{t-1} + w_t, & w_t \sim N(0, W) \end{cases} \tag{9.6}$$

であり，(9.1) および (9.2) との関係では，$F_t = x_t$，$\theta_t = \beta_t$，$G_t = I_p$ であることに注意する．

例 **9.3**：季節成分モデル

季節性は，たとえば四半期時系列データの場合，各期に固有な四つの成分をもつ性質をもつことである．これを DLM では，観測方程式を

$$y_t = \begin{cases} s_{1,t}\ (\text{第 1 四半期のとき}) \\ s_{2,t}\ (\text{第 2 四半期のとき}) \\ s_{3,t}\ (\text{第 3 四半期のとき}) \\ s_{4,t}\ (\text{第 4 四半期のとき}) \end{cases} + v_t \tag{9.7}$$

と書き，システム方程式を各成分 $\{s_{k,t}\}$ がそれぞれ緩やかに変化しているもの

$$\begin{cases} s_{1,t} = s_{1,t-1} + w_{1,t} \\ s_{2,t} = s_{2,t-1} + w_{2,t} \\ s_{3,t} = s_{3,t-1} + w_{3,t} \\ s_{4,t} = s_{4,t-1} + w_{4,t} \end{cases} \tag{9.8}$$

として季節成分モデルを定義する．DLM の表現では

$$F_t = \begin{pmatrix} 1 \\ 0 \\ 0 \\ 0 \end{pmatrix},\ \theta_t = \begin{pmatrix} s_{1,t} \\ s_{2,t} \\ s_{3,t} \\ s_{4,t} \end{pmatrix},\ G_t = \begin{pmatrix} 0 & 1 & 0 & 0 \\ 0 & 0 & 1 & 0 \\ 0 & 0 & 0 & 1 \\ 1 & 0 & 0 & 0 \end{pmatrix} \tag{9.9}$$

とおくことに等しい．

上記の三つのモデルを一つのモデルに組み入れることが可能であり，これは成分モデル (component model) とよばれる．

例 **9.4**：成分モデル

「確率トレンド (L) ＋時変係数回帰 (R) ＋季節成分 (S)」の三つを同時に含むモデルは，観測値が次のように表現できることを仮定する．

$$y_t = y_{Lt} + y_{Rt} + y_{St} + v_t \tag{9.10}$$

ここで $\{y_{kt}, k = L, R, S\}$ は，それぞれ時系列の確率トレンド成分，回帰成分，季節成分を表し，例 9.1〜9.3 のモデル

$$\begin{cases} y_{Lt} = F'_{Lt}\theta_{Lt} \\ \theta_{Lt} = G_{Lt}\theta_{Lt-1} + w_{Lt} \end{cases} \tag{9.11}$$

$$\begin{cases} y_{Rt} = F'_{Rt}\theta_{Rt} \\ \theta_{Rt} = G_{Rt}\theta_{Rt-1} + w_{Rt} \end{cases} \tag{9.12}$$

$$\begin{cases} y_{St} = F'_{St}\theta_{St} \\ \theta_{St} = G_{St}\theta_{St-1} + w_{St} \end{cases} \tag{9.13}$$

を設定する．そのとき，分析対象の時系列 $\{y_t\}$ に対する観測方程式はそれぞれ三つの成分の和で

$$y_t = F'_{Lt}\theta_{Lt} + F'_{Rt}\theta_{Rt} + F'_{St}\theta_{St} + v_t \tag{9.14}$$

と表され，これをまとめてシステム全体の観測方程式を

$$y_t = F'_t\theta_t + v_t \tag{9.15}$$

と書き換えることができる．ここで $F'_t = (F'_{Lt}, F'_{Rt}, F'_{St})$，$\theta_t = (\theta'_{Lt}, \theta'_{Rt}, \theta'_{St})'$ である．他方，システム方程式も三つのサブモデルをブロックの形で組み込み，

$$\theta_t = G_t\theta_{t-1} + w_t, \quad w_t \sim N(0, W) \tag{9.16}$$

と表すことができる．ここで $w_t = (w'_{Lt}, w'_{Rt}, w'_{St})'$ であり，

$$G_t = \begin{pmatrix} G_{Lt} & 0 & 0 \\ 0 & G_{Rt} & 0 \\ 0 & 0 & G_{St} \end{pmatrix}, \quad W_t = \begin{pmatrix} W_{Lt} & 0 & 0 \\ 0 & W_{Rt} & 0 \\ 0 & 0 & W_{St} \end{pmatrix} \tag{9.17}$$

ここで，例 9.2 および 9.3 の設定では，$G_{Rt} = I_p$，$G_{St} = I_4$ であり，また W_t がブロック対角であることは，三つの成分モデルの間の相関はないことを仮定している．

任意の時刻 t に対して θ_t が与えられたときに，現在の観測値 $y_t|\theta_t$ は，過去の観測値 $\{y_{t-1}, y_{t-2}, ...\}$ から独立となることは注目に値する．これは時間的ダイナミクスが状態のパラメータ推移 θ_t に縮約されてしまうことを意味する．この時系列データをモデル化する線形構造は，関連する確率を主観的に記述することや逐次的な性質からベイズ推測の原理と非常によく結びつく．したがって，主観的情報は過去の情報と首尾一貫して結びつけられ，推測を容易にする．

9.2.2 DLM における推測

DLM における推測は, ベイズ推測の通常のステップに従う．具体的には，事前分布を構築する推移 (evolution) のステップと，t 期に到着した新しい観測値を組み入れる更新 (updating) のステップをつないでいくベイズ推測の逐次的手続きである．

いま $D_t = D_{t-1} \cap y_t$ を x_t と G_t を含む時刻 t までの情報とし，それらを既知とし，また D_0 を事前情報とする．そのとき，各 t に関して，事前分布，予測分布，事後分布はそれぞれ次のように書かれる．

DLM の推測：事前分布，予測分布，事後分布

$$p(\theta_t|D_{t-1}) = \int p(\theta_t|\theta_{t-1})p(\theta_{t-1}|D_{t-1})d\theta_{t-1} \tag{9.18}$$

$$p(y_t|D_{t-1}) = \int p(y_t|\theta_t)p(\theta_t|D_{t-1})d\theta_t \tag{9.19}$$

$$p(\theta_t|D_t) \propto p(\theta_t|D_{t-1})p(y_t|\theta_t) \tag{9.20}$$

ここで最後の式はベイズの定理により導出される．上記の定式化では積分定数は (F, G, V, W) が既知で正規性が仮定される場合に容易に求められる．この限定されたケースでのアルゴリズムは，カルマンフィルター（Anderson and Moore, 1979）として知られている．通常，これらの行列はΨで記される未知パラメータに依存する．これらの理論的結果がどのようにモデル構築に応用できるかについてはWest and Harisson(1997) を参考にするとよい．

上述の方程式を使えば，過去に観測されたデータ D_{t-1} が与えられたとき，$p(y_t, \theta_t | D_{t-1}) = p(y_t|\theta_t)p(\theta_t|D_{t-1})$ によって (y_t, θ_t) の同時分布を得ることができる．さらにこれを θ_t に関して積分して除去することにより予測分布が得られる．動学線形モデルの主要な特徴の一つは，各時点において，利用可能なすべての情報が状態ベクトルとの事後分布を記述するために使われることである．次の項では，時刻 $t-1$ での事後分布から時刻 t の事後分布へどのように推移するかを示す．

9.2.3 分散が既知の場合

まず誤差分散 V_t，W_t を既知として，システムの更新の仕組みをみてゆこう．

a. 事前分布：予測

t 期までの情報 D_t を条件として，$t+1$ における状態ベクトルの事前情報は，式 (9.2) のシステム方程式から得られる．

いま初期の分布

$$\theta_0|D_0 \sim N(m_0, C_0)$$

を条件として，$t=1$ のときの状態ベクトル θ_1 の分布 $\theta_1|D_0$ は，システム方程式 (9.2) から正規分布であり，その平均と分散共分散行列は

$$\begin{aligned} a_1 &= E(\theta_1|D_0) = E(G_1\theta_0 + w_1|D_0) \\ &= G_1 m_0, \\ C_1 &= V(\theta_1|D_0) = V(G_1\theta_0 + w_1|D_0) \\ &= G_1 V(\theta_0) G_1' + W_1 \end{aligned} \tag{9.21}$$

と求まり，したがって次の分布をする．

$$\theta_1|D_0 \sim N(a_1, R_1) \tag{9.22}$$

ここで

$$a_1 = G_1 m_0, \quad R_1 = G_1 C_0 G_1' + W_1 \tag{9.23}$$

であり，これを事前分布（予測）とよぶ．

b. 予　測

次に観測方程式と上記の事前分布から y の予測分布を求めることができる．y_1 の分布は観測方程式から明らかなように正規分布

$$y_1|D_0 \sim N(f_1, Q_1) \tag{9.24}$$

であり，平均と分散はそれぞれ次のように評価できる．

$$\begin{aligned} E(y_1|D_0) &= E(F_1'\theta_1 + v_1|D_0) \\ &= E(F_1'\theta_1|D_0) + E(v_1|D_0) \\ &= F_1'a_1 \\ &\equiv f_1 \end{aligned} \tag{9.25}$$

$$\begin{aligned} V(y_1|D_0) &= V(F_1'\theta_1 + v_1|D_0) \\ &= V(F_1'\theta_1|D_0) + V(v_1|D_0) \\ &= F_1'R_1F_1 + V_1 \\ &\equiv Q_1 \end{aligned} \tag{9.26}$$

c. 事後分布：フィルタリング

次に観測値 y_1 の情報が付け加わり，$D_1 = D_0 \cap y_1$ として $\theta_1|D_1$ を求める式は，ベイズの定理から，尤度 $p(y_1|\theta_1, V_1)$ と事前分布 $p(\theta_1|D_0)$ の積に比例する関係より，以下のように書かれる．

$$\begin{aligned} &p(\theta_1|D_1) \propto p(y_1|\theta_1, V_1)p(\theta_1|D_0) \\ &\propto \exp\left\{-\frac{1}{2}\left(y_1 - F_1'\theta_1\right)^2/V_1\right\} \times \exp\left\{-\frac{1}{2}\left(\theta_1 - a_1\right)' R_1^{-1}\left(\theta_1 - a_1\right)\right\} \\ &\equiv \exp\left\{-\frac{1}{2}\left(\theta_1 - m_1\right)' C_1^{-1}\left(\theta_1 - m_1\right)\right\} \end{aligned} \tag{9.27}$$

ここで平均と分散は第 7 章の正規線形回帰モデルのベイズ推測の議論と同様に求まり，$\theta_1|D_1$ は，次の分布をする．

$$\theta_1|D_1 \sim N(m_1, C_1) \tag{9.28}$$

ここで

$$m_1 = a_1 + A_1 e_1$$
$$C_1 = R_1 - A_1 A_1' Q_1$$
$$A_1 = R_1 F_1 Q_1^{-1}$$
$$e_1 = y_1 - f_1$$

上記の関係で事後分布を求めることをフィルタリングという．

a.～c. の手続きを $t = 2, ..., n$ まで求めた関係は次のように整理できる．

DLM の更新方程式：分散 $\boldsymbol{V_t}$ 既知

事前分布（予測）： $\theta_t|D_{t-1} \sim N(a_t, R_t)$ (9.29)

$$\begin{cases} a_t = G_t m_{t-1} \\ R_t = G_t C_{t-1} G_t' + W_t \end{cases}$$

予測： $y_t|D_{t-1} \sim N(f_t, Q_t)$ (9.30)

$$\begin{cases} f_t = F_t' a_t \\ Q_t = F_t' R_t F_t + V_t \end{cases}$$

フィルタリング： $\theta_t|D_t \sim N(m_t, C_t)$ (9.31)

$$\begin{cases} m_t = a_t + A_t e_t \\ C_t = R_t - A_t A_t' Q_t \\ A_t = R_t F_t Q_t^{-1} \\ e_t = y_t - f_t \end{cases}$$

d. 平滑化

これまでは，時間を $t = 0, 1, ..., n$ と観測時間順に状態パラメータ θ_t の分布を再帰的に更新してきた．しかし，n 個すべての観測値を得た後で，回顧的に状態 $\theta_t (t \leq n)$，つまり $p(\theta_t|D_n)$ を求めることを考える．

まず $p(\theta_{t-1}|D_t)$ を考える．いま $D_t = D_{t-1} \cap y_t$ であるので

$$p(\theta_{t-1}|D_t) = p(\theta_{t-1}|y_t, D_{t-1})$$

であり，さらに

$$\begin{aligned} p(\theta_{t-1}|D_t) &= \int p(\theta_{t-1}|\theta_t, D_t)p(\theta_t|D_t)d\theta_t \\ &= \int p(\theta_{t-1}|\theta_t, y_t, D_{t-1})p(\theta_t|D_t)d\theta_t \end{aligned} \tag{9.32}$$

において，積分内の第 1 項は，ベイズの定理により y_t と θ_{t-1} を入れ替えて

$$p(\theta_{t-1}|\theta_t, y_t, D_{t-1}) = \frac{p(y_t|\theta_{t-1}, \theta_t, D_{t-1})p(\theta_{t-1}|\theta_t, D_{t-1})}{p(y_t|\theta_t, D_{t-1})} \tag{9.33}$$

と書ける．観測方程式により，y_t は θ_t を与えてしまえば θ_{t-1} に依存しないので，分子第 1 項は $p(y_t|\theta_{t-1}, \theta_t, D_{t-1}) = p(y_t|\theta_t, D_{t-1})$ と分母と同じ量となり，相殺されて分子第 2 項のみの

$$p(\theta_{t-1}|\theta_t, y_t, D_{t-1}) = p(\theta_{t-1}|\theta_t, D_{t-1}) \tag{9.34}$$

となる．$p(\theta_{t-1}|\theta_t, D_{t-1})$ は，さらにもう一度ベイズの定理を使えば，θ_t と θ_{t-1} を入れ替えた表現，

$$p(\theta_{t-1}|\theta_t, D_{t-1}) = \frac{p(\theta_t|\theta_{t-1}, D_{t-1})p(\theta_{t-1}|D_{t-1})}{p(\theta_t|D_{t-1})} \tag{9.35}$$

が得られる．この右辺に現れる三つの確率分布はすべて上記で再帰的に導出した正規分布であり，それぞれ

$$\theta_t|\theta_{t-1}, D_{t-1} \sim N(G_t\theta_{t-1}, W_t)$$
$$\theta_{t-1}|D_{t-1} \sim N(m_{t-1}, C_{t-1})$$
$$\theta_t|D_{t-1} \sim N(a_t, R_t)$$

で与えられる．これは二つの正規分布の積で定義される θ_{t-1}，θ_t の同時分布が正規分布であること，さらにこれを分母の θ_t の周辺分布で割ることにより，条件付分布を定義している．いずれも正規分布であることから，条件付分布は解

析的に求められ，次のような再帰式が得られる．

$$\theta_{t-1}|\theta_t, D_{t-1} \sim N(h_t(1), H_t(1)) \tag{9.36}$$

ここで

$$\begin{aligned} h_t(1) &= m_{t-1} + B_{t-1}(\theta_t - a_t) \\ H_t(1) &= C_{t-1} - B_{t-1}R_tB'_{t-1} \\ B_t &= C_tG_{t+1}R_{t+1}^{-1} \end{aligned} \tag{9.37}$$

最後に

$$\begin{aligned} p(\theta_{t-1}|D_t) &= \int p(\theta_{t-1}|\theta_t, D_t)p(\theta_t|D_t)d\theta_t \\ &= \int p(\theta_{t-1}|\theta_t, y_t, D_{t-1})p(\theta_t|D_t)d\theta_t \end{aligned} \tag{9.38}$$

において，$\theta_{t-1}|\theta_t$，D_t および $\theta_t|D_t$ はいずれも正規分布であるので，正規分布の積の結果を利用すれば，正規分布の平滑化分布が得られる．

DLM の平滑化：分散 $\boldsymbol{V_t}$ 既知

$$\theta_{t-1}|D_t \sim N(a_t(-1), R_t(-1)) \tag{9.39}$$

$$\begin{cases} a_t(-1) = m_{t-1} + B_{t-1}(m_t - a_t) \\ R_t(-1) = C_{t-1} - B_{t-1}(R_t - C_t)B'_{t-1} \\ B_t \qquad = C_tG_{t+1}R_{t+1}^{-1} \end{cases}$$

$2 \leq k \leq t$ に対して $p(\theta_{t-k}|D_t)$ が同様に再帰的に得られる．

9.2.4 分散が未知の場合——分散学習モデル——

観測方程式の誤差分散 V_t およびシステム方程式の誤差分散 W_t については，実際は未知であるが，7.1.4 項でみた線形回帰モデルの正規–逆ガンマ共役事前分布を拡張して利用する目的で，$V_t = V = 1/\phi$ とし，さらにシステム方程式の誤差分散を $W_t = W_t^*(1/\phi)$ と設定する．

このとき，観測方程式 $y_t = F_t'\theta_t + v_t$ は，説明変数 F_t，回帰係数パラメータ

θ_t，誤差分散 ϕ^{-1} の回帰モデル，そしてシステム方程式 $\theta_t = G_t\theta_{t-1} + w_t$ は回帰係数に与えられた正規分布の事前分布として解釈できることがわかる．

そのとき，線形回帰モデルの議論により次が成り立つことが確認できる．

t 期において，それまでの情報 D_{t-1} をすべて利用したときの状態ベクトルと誤差分散の条件付（事後）分布は次で与えられる．

事前分布

$$\theta_t|D_{t-1}, \phi \sim N\big(a_t, R_t^*\phi^{-1}\big) \tag{9.40}$$

$$\phi^{-1}|D_{t-1} \sim IG(n_{t-1}/2, d_{t-1}/2) \tag{9.41}$$

ここで $R_t^* = G_tG_t' + W_t^*$

さらに t 期において，それまでの情報 D_{t-1} をすべて利用したときの観測値の条件付予測分布は次で与えられる．

条件付予測分布

$$y_t|D_{t-1}, \phi \sim N(F_t'a_t, Q_t^*\phi^{-1}) \tag{9.42}$$

ここで $Q_t^* = 1 + F_t'R_t^*F_t$

$y_t|D_{t-1}, \phi$ および $\theta_t|D_{t-1}, \phi$ がともに正規分布であるとき，それらの同時分布は

$$\begin{pmatrix} y_t \\ \theta_t \end{pmatrix}\Bigg|D_{t-1}, \phi \sim N\left(\begin{pmatrix} f_t \\ a_t \end{pmatrix}, \begin{pmatrix} \phi^{-1}Q_t^* & F_t'R_t^*\phi^{-1} \\ R_t^*F_t\phi^{-1} & R_t^*\phi^{-1} \end{pmatrix}\right) \tag{9.43}$$

と表せる．そのとき多変量正規分布の性質を利用して，同時分布から条件付分布を導出すると次のようになる．

条件付事後分布：$\theta_t|D_t, \phi$

$$\theta_t|D_t, \phi = \theta_t|D_{t-1}, y_t, \phi \sim N(m_t, C_t^*\phi^{-1}) \tag{9.44}$$

$$\text{ここで}\ m_t = a_t + R_t^* F_t \phi^{-1}(\phi^{-1}Q_t^*)^{-1}(y_t - f_t)$$
$$= a_t + R_t^* F_t e_t / Q_t^* \tag{9.45}$$
$$C_t^* \phi^{-1} = R_t^* \phi^{-1} - R_t^* F_t \phi^{-1}(\phi^{-1}Q_t^*) F_t' R_t^* \phi^{-1}$$
$$= R_t^* \phi^{-1} - R_t^* F_t F_t' R_t^* \phi^{-1} / Q_t^* \tag{9.46}$$

ただし，上式において $e_t = y_t - f_t$ とおいた．また θ_t と ϕ を入れ替えた条件付事後分布 $\phi|D_t, \theta_t$ については，ベイズの定理を用いて

$$\begin{aligned} p(\phi|D_{t-1}, y_t) &\propto p(y_t|D_{t-1}, \phi)p(\phi|D_{t-1}) \\ &\propto (\phi^{-1}Q^*)^{-1/2} \exp\left\{-\frac{1}{2}(\phi^{-1}Q^*)^{-1}(y_t - f_t)^2\right\} \\ &\quad \times \phi^{n_{t-1}/2-1} \exp\left\{-\frac{1}{2}\phi d_{t-1}\right\} \\ &\propto \phi^{(n_{t-1}+1)/2-1} \exp\left\{-\frac{1}{2}\phi\left(\frac{e_t^2}{Q_t^*} + d_{t-1}\right)\right\} \end{aligned} \tag{9.47}$$

と書かれることから，次の逆ガンマ分布に従う．

条件付事後分布：$\phi|D_t, \theta_t$

$$\phi|D_t = \phi|D_{t-1}, y_t \sim IG(n_t/2, d_t/2) \tag{9.48}$$

$$\text{ここで}\ n_t = n_{t-1} + 1, \quad d_t = d_{t-1} + e_t^2/Q_t^* \tag{9.49}$$

R の分析例

次には DLM に関する R のパッケージ "DLM"を使った分析例を示そう．次は例 9.4 で示した成分モデルを日本の四半期 GDP データ（1991 年の第 1 四半期から 2000 年の第 1 四半期）に適用するコードである．

成分モデルの例：四半期 **GDP** 時系列の分解

```
> library(dlm)
# Maximum likelihood estimation
> d <- read.table("gdp1.txt")
```

```
> dd <- as.matrix(d[,2])
> lgdp=log(dd)
> dlmgdp <- dlmModPoly()+dlmModSeas(4)
> buildFun <- function(x){
     +  diag(W(dlmgdp))[2:3] <-exp(x[1:2])
     +  V(dlmgdp) <- exp(x[3])
     +  return(dlmgdp) }
(fit <- dlmMLE(lgdp,parm = rep(0,3),build = buildFun))$conv
# Smoothing
> gdpSmooth <- dlmSmooth(lgdp, mod = dlmgdp)
> s <- gdpSmooth$s[,1]
> x <- cbind(lgdp, dropFirst(gdpSmooth$s[,c(1,3)]))
> ax <- 1:nrow(x)
> par(mfrow=c(3,1))
> plot(ax,x[,1],type="o",xlab="Time",ylab="GDP")
> plot(ax,x[,2],type="o",xlab="Time",ylab="Trend")
> plot(ax,x[,3],type="o",xlab="Time",ylab="Seasonal")
```

図 9.1 では，成分モデルで分解した結果が示されている．最上部のグラフは，GDP の時系列データの時系列プロット，中央はトレンド成分，そして最下部は季節成分を表している．このモデルにより，GDP 時系列がトレンドと季節成分にきれいに分かれていることが見て取れる．

9.3 古典的時系列モデル

時系列データを分析する上で実際用有用なモデルは，Box and Jenkins(1976) で与えられた自己回帰移動平均モデル (ARMA：autoregressive moving average models) とよばれる時系列モデルのクラスである．これらは，DLM を用いて表現することができる．以下では両者の関係をみてゆく．

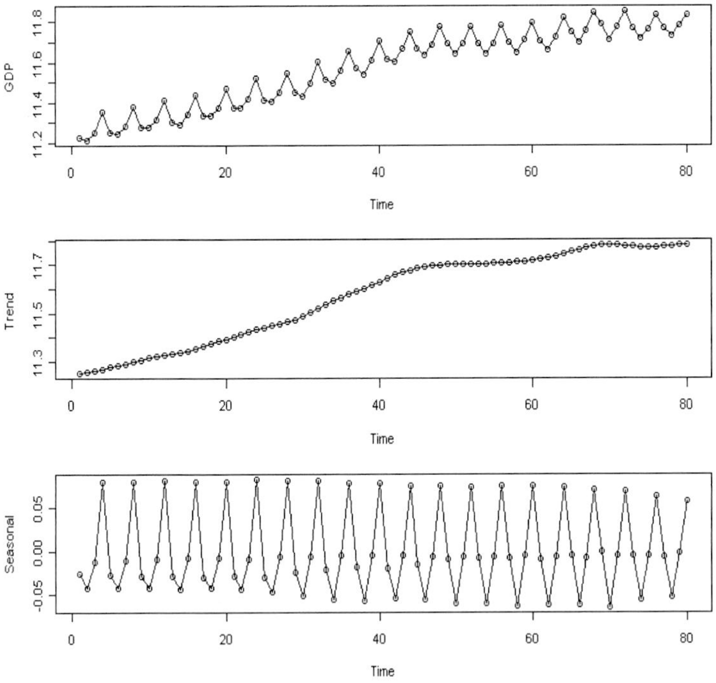

図 **9.1**　成分モデル：季節成分とトレンド

9.3.1　ARMA：自己回帰移動平均モデル

古典的時系列モデルとしての移動平均および自己回帰モデルは，確率過程の定常性とそこから導かれるウォルドの定理によるホワイトノイズの移動平均表現に依拠している．

時系列 $\{\epsilon_1, \epsilon_2, ..., \epsilon_n\}$ が，それらの期待値がゼロで ϵ_i と ϵ_j, $i \neq j$ は無相関という性質をもつとき，つまり $t = 1, 2, ..., n$ に対して

$$E(\epsilon_t) = 0, \quad \mathrm{Cov}(\epsilon_i, \epsilon_j) = 0 \tag{9.50}$$

が成り立つとき，それはホワイトノイズ (white noise) とよばれる．時系列 $\{y_t\}$ が各 t に対して一定の平均と分散

$$E(y_t) = \mu,\ \mathrm{Var}(y_t) = \sigma^2 \tag{9.51}$$

をもち，また，y_t と y_{t-k} の共分散が時間の差のみに依存し

$$\mathrm{Cov}(y_t, y_{t-k}) = \rho_k \tag{9.52}$$

と表されるとき，$\{y_t\}$ は共分散定常あるいは単に定常時系列であるといわれる．

平均が μ の定常時系列 $\{y_t\}$ は，ホワイトノイズ $\{\epsilon_t\}$ を使って次の表現が可能である（ウォルドの定理）ことがモデルの出発点である．

$$y_t - \mu = d(t) + \epsilon_t + b_1\epsilon_{t-1} + b_2\epsilon_{t-2} + \cdots \tag{9.53}$$

以下では一般性を失うことなく時系列 $\{y_t\}$ の平均を表すパラメータ μ は $\mu = 0$ とする．いま，誤差なしに予測可能な決定論的部分 $d(t)$ を除いて，上式の和をある有限の値 q で切断した表現

$$y_t = \epsilon_t + b_1\epsilon_{t-1} + \cdots + b_q\epsilon_{t-q} \tag{9.54}$$

は次数 q の移動平均モデル (MA(q) : moving-average) とよばれる．いま MA(1) モデル

$$y_t = \epsilon_t + b_1\epsilon_{t-1} \tag{9.55}$$

を考えた場合，$\epsilon_t = y_t - b_1\epsilon_{t-1}$ と表せることから，$\epsilon_{t-1} = y_{t-1} - b_1\epsilon_{t-2}$ とおき，上式の ϵ_{t-1} に代入し，この操作を順次繰り返してゆくと

$$\begin{aligned} y_t &= \epsilon_t + b_1(y_{t-1} - b_1\epsilon_{t-2}) \\ &= \epsilon_t + b_1y_{t-1} - b_1^2\epsilon_{t-2} \\ &= \epsilon_t + b_1y_{t-1} - b_1^2y_{t-2} + b_1^3y_{t-3} + \cdots \end{aligned}$$

が得られ，一般に

$$y_t = a_1y_{t-1} + a_2y_{t-2} + a_3y_{t-3} + \cdots + \epsilon_t \tag{9.56}$$

と表現できる．これを y_t の自己回帰過程という．ここで右辺の係数は $a_i = (-1)^{i+1}b_1^i$ で決められ，係数 a_i が発散しないためには $|b_1| < 1$ という**反転可能性条件**が課せられる．同様に任意次数の MA モデルはそれぞれの反転可能性条件下で，自己回帰表現をもつ．また，式 (9.56) は無限次数の自己回帰表現であり，MA モデルと同様，有限の p で切断したモデル

$$y_t = a_1 y_{t-1} + a_2 y_{t-2} + \cdots + a_p y_{t-p} + \epsilon_t \tag{9.57}$$

は，次数 p の自己回帰モデル (AR(p)：auto-regressive) とよばれる．

AR(p) モデルと MA(q) モデルを結合させた時系列モデル

$$y_t = a_1 y_{t-1} + a_2 y_{t-2} + \cdots + a_p y_{t-p} + b_1 \epsilon_{t-1} + b_2 \epsilon_{t-2} + \cdots + b_q \epsilon_{t-q} + \epsilon_t \tag{9.58}$$

は自己回帰移動平均モデル (ARMA(p, q)：auto-regressive moving average) とよばれる．

9.3.2 ARMA モデルの DLM 表現

上述の一般的な ARMA モデルのクラスは，DLM を用いて表現できる．

いま $m = \max(p, q+1)$ とし，$j = p+1, ..., m$ に対して $a_j = 0$，$k = q+1, ..., m$ に対して $b_k = 0$ とすれば，ARMA(p, q) モデルは次のように書かれる．

$$y_t = \sum_{i=1}^{m} (a_i y_{t-i} + b_i \epsilon_{t-i}) + \epsilon_t \tag{9.59}$$

このモデルは，係数行列を次のように定義することで DLM で表現できる．

$$F_t = F = \begin{pmatrix} 1 \\ 0 \\ \vdots \\ 0 \end{pmatrix}, \quad v_t = 0, \tag{9.60}$$

$$G_t = G = \begin{pmatrix} a_1 & 1 & 0 & \cdots & 0 \\ a_2 & 0 & 1 & \cdots & 0 \\ \vdots & \vdots & \vdots & \ddots & \vdots \\ a_{m-1} & 0 & 0 & \cdots & 1 \\ a_m & 0 & 0 & \cdots & 0 \end{pmatrix}, \quad w_t = w = \begin{pmatrix} 1 \\ b_1 \\ \vdots \\ b_{m-1} \end{pmatrix} \epsilon_t.$$

状態ベクトル θ_t は特定のモデルによって変わる．たとえば自己回帰モデル AR(1) の場合は，$p = 1$，$q = 0$ であり，

$$\theta_t = y_t, \quad F = 1, \quad G = a_1, \quad w_t = \epsilon_t \tag{9.61}$$

である．また移動平均モデルは MA(1) は $p = 0$, $q = 1$ であるので，

$$\theta_t = \begin{pmatrix} y_t \\ b_1 \epsilon_t \end{pmatrix}, \ F = \begin{pmatrix} 1 \\ 0 \end{pmatrix}, \ G = \begin{pmatrix} 0 & 1 \\ 0 & 0 \end{pmatrix}, \ w_t = \begin{pmatrix} 1 \\ b_1 \end{pmatrix} \epsilon_t \tag{9.62}$$

とおいて得られる．

しかしこの表現は一意ではないことに注意しておこう．たとえば，自己回帰モデル AR(p) は次の別表現もありうる．

$$F_t = \begin{pmatrix} y_{t-1} \\ y_{t-2} \\ \vdots \\ y_{t-p} \end{pmatrix}, \theta_t = \begin{pmatrix} a_1 \\ a_2 \\ \vdots \\ a_p \end{pmatrix}, G_t = G = I_p, \ \ w_t = 0, \ \ v_t = \epsilon_t \tag{9.63}$$

10 パネルデータの統計モデル(I)
——階層ベイズ回帰モデル——

10.1 パネルデータの構造

パネルデータは，観測される主体 (パネルとよぶ) が複数 ($h = 1, ..., H$) あり，これらのそれぞれについて n 個のデータ，たとえば，$(y_{ht}, x_{ht}), h = 1, ..., H; t = 1, ..., n$ が観測されるものをいう．y と x の間に線形回帰モデルを仮定すれば

$$y_{ht} = x'_{ht}\beta + \epsilon_{ht}, \quad \epsilon_{ht} \sim N(0, \sigma^2) \tag{10.1}$$

とおくことができる．このモデルは，各パネルの回帰関係はパラメータ (β, σ^2) が共通であるので，いわばパネル間の**同質性** (homogeneity) を仮定したものである．しかし，パネルには固有の特徴である**異質性** (heterogeneity) があるとするのが一般的であり，回帰係数が固有の特徴をもつと仮定してそれを β_h とし，

$$y_{ht} = x'_{ht}\beta_h + \epsilon_{ht} \tag{10.2}$$

これをモデリングするのがパネルデータの統計モデルである．

同質性は，固定効果 (fixed effect)，異質性は個別効果 (individual effect) とよぶ場合もある．

10.2 階層モデルの構造

一般に H の個体があり，個体 h に対するモデルのパラメータを β_h，データを $\mathbf{y}_h = \{y_{h1}, y_{h2}, ..., y_{hn_h}\}$ とし，同時確率密度を $p(\mathbf{y}_h|\beta_h)$ と書く．各モデルの確率的誤差項が個体間で無相関であるとの仮定の下では，H 全体の尤度関

数は

$$\prod_{h=1}^{H} p(\mathbf{y}_h|\beta_h) \tag{10.3}$$

と書かれる．次に個体間構造は個体ごとのパラメータの異質性を表現するモデルであり，ベイズ統計の視点では個体ごとのパラメータ $\{\beta_h\}$ に対する事前分布を表している．$\{\beta_h\}$ の分布のパラメータを θ として，

$$p(\beta_1, ..., \beta_H|\theta) \tag{10.4}$$

と書く．この事前分布は個体内モデルパラメータの下にモデル化されているので，階層モデル (hierarchical model) とよばれる．さらに尤度関数（式 (10.3)）と階層モデル（式 (10.4)）を併せて，階層ベイズモデル (HB : hierarchical Bayes model) とよばれる．

いま，H 全体のデータ $\{\mathbf{y}_1, ..., \mathbf{y}_H\}$ が与えられたときの各個体のパラメータ $\{\beta_1, ..., \beta_H\}$ の事後分布は，

$$p(\beta_1, ..., \beta_H|\mathbf{y}_1, ..., \mathbf{y}_H) \propto \left[\prod_{h=1}^{H} p(\mathbf{y}_h|\beta_i)\right] p(\beta_1, ..., \beta_H|\theta) \tag{10.5}$$

と書かれる．パラメータの事前分布は一般に特定化が困難であり，通常

$$p(\beta_1, ..., \beta_H|\theta) = \prod_{h=1}^{H} p(\beta_h|\theta) \tag{10.6}$$

として単純化する．そのとき，階層ベイズモデルの事後分布は

$$\begin{aligned} p(\beta_1, ..., \beta_H|\mathbf{y}_1, ..., \mathbf{y}_H) &\propto \left[\prod_{h=1}^{H} p(\mathbf{y}_h|\beta_h)\right]\left[\prod_{h=1}^{H} p(\beta_h|\theta)\right] \\ &= \prod_{h=1}^{H} p(\mathbf{y}_h|\beta_h)p(\beta_h|\theta) \end{aligned} \tag{10.7}$$

と書かれる．通常，$p(\beta_i|\theta) \sim N(\bar{\theta}, V_\theta); \theta = (\bar{\theta}, V_\theta)$ が多く用いられる．θ は事前分布とデータ（尤度関数）の融合度 (shrinkage) を決めるパラメータである．

θ をさらにモデル化して，その確率分布が $p(\theta|\phi)$ で与えられるとするとき，事後分布は

$$p(\beta_1, ..., \beta_H, \theta|\mathbf{y}_1, ..., \mathbf{y}_H, \phi) \propto \left[\prod_{h=1}^{H} p(\mathbf{y}_h|\beta_h)p(\beta_h|\theta)\right] p(\theta|\phi) \tag{10.8}$$

となる．ここで，$p(\beta_h|\theta)$ は第 1 段階事前分布，$p(\theta|\phi)$ は第 2 段階事前分布とよばれる．最下層のパラメータ ϕ はハイパーパラメータとよばれ，分析前に $\phi = \phi_0$ と固定されることが多い．また，立場によっては，ϕ をなんらかの規準で選択することも行われる．

式 (10.2) の場合，たとえば $\beta_h \sim N(\bar{\beta}, \Sigma)$，すなわち $h = 1, ..., H$ に対して

$$\beta_h = \bar{\beta} + e_h, \quad e_h \sim N(0, \Sigma) \tag{10.9}$$

とし，さらに

$$\bar{\beta} \sim N(f_0, \Lambda_0) \tag{10.10}$$

$$\Sigma \sim IW(\nu_0, \Phi_0) \tag{10.11}$$

を設定する．

したがって第 2 章で説明した階層事前分布 $p(\theta|\lambda)p(\lambda|\phi)$ との対応では，$\theta = (\beta_1', ..., \beta_H')'$ および $\lambda = \left(\bar{\beta}, \mathrm{vec}(\Sigma)\right)$，$\phi_0 = (f_0, \Lambda_0; \nu_0, \Phi_0)$ とおくことにより，階層事前分布 $p(\theta|\lambda)p(\lambda|\phi_0)$ が構成されることになる．

本章では，y が連続変数の場合の回帰モデルとしての階層回帰モデルを取り上げ，次章において，y が離散変数の場合の階層ベイズ離散選択モデルを説明する．

10.3　階層回帰モデルと異質性の推測

階層回帰モデルは，複数の回帰モデル間の関係を結びつけるモデルの一つであり，分析対象とする個体の反応構造を直接規定する個体内モデルと，各個体のモデル間の関係を規定する個体間モデルから構成される．

個体内モデルと個体間モデル

(1)　個体内モデル (within-subject)

たとえば，個体 h に対して与えられた k 種類の説明変数 $x_{ht} = (x_{1ht}, x_{2ht}, ..., x_{kht})$ への反応 y_{ht} を，回帰方程式により

$$y_{ht} = x_{ht}'\beta_h + \varepsilon_{ht},\ \varepsilon_{ht} \sim \text{i.i.d. } N(0, \sigma_h^2), \quad t = 1, ..., n_h \tag{10.12}$$

で表す．観測値ベクトルによる行列表記をすれば，次式となる．

$$\mathbf{y}_h = \mathbf{X}_h \beta_h + \varepsilon_h,\ \varepsilon_h \sim N_{n_h}(\mathbf{0}, \sigma_h^2 \mathbf{I}_{n_h}), \quad h = 1, ..., H \tag{10.13}$$

(2) 個体間モデル (between-subject)

個体間モデルは，個体 h の k 個の係数パラメータ $\beta_{1h}, \beta_{2h}, ..., \beta_{kh}$ のそれぞれを被説明変数とし，各 β_{ih} に対して q 個の説明変数 $\mathbf{z}_h = (z_{1h}, z_{2h}, ..., z_{qh})'$ をもつ次の多変量回帰モデルを考える．

$$\beta_{ih} = \mathbf{z}_h' \theta_i + \eta_{ih}, \quad i = 1, ..., k \tag{10.14}$$

ここで，誤差項 η_{ih} については i に関して互いに相関 $\mathrm{Cov}(\eta_{ih}, \eta_{jh}) = v_{ij}$ があってもよい．これらを $i = 1, ..., k$ についてまとめて次のように表現する．

$$\beta_h = \mathbf{\Theta}' \mathbf{z}_h + \eta_h,\ \eta_h \sim N_k(\mathbf{0}, V_\beta) \tag{10.15}$$

ここで，$\beta_h = (\beta_{1h}, \beta_{2h}, ..., \beta_{kh})'$，$q \times k$ 行列 $\mathbf{\Theta} = [\theta_1; \theta_2; ...; \theta_k]$，$\mathbf{z}_h = (z_{1h}, z_{2h}, ..., z_{qh})'$，$\eta_h = (\eta_{1h}, \eta_{2h}, ..., \eta_{kh})'$ である．η_h は回帰の誤差項であり，$\mathbf{\Theta}'$ は回帰係数行列となる．

このとき，$h = 1, ..., H$ に関する回帰方程式をすべてまとめて

$$[\beta_1; \beta_2; ...; \beta_H] = \mathbf{\Theta}' [\mathbf{z}_1; \mathbf{z}_2; ...; \mathbf{z}_H] + [\eta_1; \eta_2; ...; \eta_H] \tag{10.16}$$

として，さらに両辺の行列を転置させ，これらをまとめて行列表記で次のように書く．

$$\mathbf{B}_{(H \times k)} = \mathbf{Z}_{(H \times q)} \mathbf{\Theta}_{(q \times k)} + \mathrm{E}^*_{(H \times k)} \tag{10.17}$$

これは本章末の付録にある多変量回帰モデルの行列表現（式 (10.48)）において，$\mathbf{Y}$ を $\mathbf{B}$，$\mathbf{X}$ を $\mathbf{Z}$，$\mathbf{B}$ を $\mathbf{\Theta}$，E を E^* と置き換えたものに等しい．

10.4 階層モデルの事後分布

10.4.1 条件付独立性と事後分布の構造

個体内モデルのパラメータを $\{\mathbf{r}_h = (\beta_h, \sigma_h^2), h = 1, ..., H\}$, 個体間（階層）モデルのパラメータを $\Omega = (\boldsymbol{\Theta}, V_\beta)$, 全データを $\mathbf{Y} = \{(\mathbf{y}_h, \mathbf{x}_h, \mathbf{z}_h), h = 1, ..., H\}$ としたとき，パラメータに関する同時事後分布は，ベイズの定理により次式で得られる．

$$
\begin{aligned}
p(\{\mathbf{r}_h\}, \Omega|\mathbf{Y}) &= \frac{p(\mathbf{Y}, \{\mathbf{r}_h\}, \Omega)}{\iint p(\mathbf{Y}, \{\mathbf{r}_h\}, \Omega) d\{\mathbf{r}_h\} d\Omega} = \frac{p(\mathbf{Y}, \{\mathbf{r}_h\}, \Omega)}{p(\mathbf{Y})} \\
&\propto p(\mathbf{Y}, \{\mathbf{r}_h\}, \Omega)
\end{aligned}
\tag{10.18}
$$

つまり事後分布は，データとパラメータの同時分布に比例する関係があり，階層ベイズモデルにおいても，この同時分布を展開して評価することが必要かつ十分な手続きとなる．

また，階層回帰モデルの全パラメータ $(\{\mathbf{r}_h\}, \Omega) \equiv (\{\beta_h\}, \{\sigma_h^2\}, \boldsymbol{\Theta}, V_\beta)$ の事前分布は，回帰係数 β_h に関する階層モデル（式 (10.15)）が β_h に対する事前分布として機能しており，$(\boldsymbol{\Theta}, V_\beta)$ を与えてしまえば β_h は誤差分散 σ_h^2 と無関係となることから，

$$
p\big(\{\beta_h\}, \{\sigma_h^2\}, \boldsymbol{\Theta}, V_\beta\big) = p\big(\{\beta_h\}|\boldsymbol{\Theta}, V_\beta\big) p\big(\{\sigma_h^2\}, \boldsymbol{\Theta}, V_\beta\big) \tag{10.19}
$$

に分解できることに注意しよう．つまり，

$$
p\big(\{\beta_h\}|\{\sigma_h^2\}, \boldsymbol{\Theta}, V_\beta\big) = p(\{\beta_h\}|\boldsymbol{\Theta}, V_\beta) \tag{10.20}
$$

であり，このとき「β_h と σ_h^2 は $(\boldsymbol{\Theta}, V_\beta)$ を所与として，条件付独立である」ことを意味している．これは，単一の重回帰モデルに対するパラメータの事前分布を $p(\beta, \sigma^2) = p(\beta|\sigma^2)p(\sigma^2)$ と表現できたこととの対比で考えるとよい．つまり，階層モデルの場合は回帰係数 β_h が回帰方程式間の関係として構造上事前に制約を受け，この制約が階層モデルのパラメータ (Θ, V_β) で完全に規定され，下記の誤差分散 σ_h^2 とは無関係となる．

また，階層モデルで規定されていない σ_h^2 は階層モデルのパラメータとは独立と考えてよいので，

$$p\left(\left\{\sigma_h^2\right\}, \Theta, V_\beta\right) = p\left(\left\{\sigma_h^2\right\}\right) p(\Theta, V_\beta) \tag{10.21}$$

と分解してよい．さらに，$\{\beta_h\}$ に対して個体間の独立性を仮定すれば，

$$p(\{\beta_h\} | \boldsymbol{\Theta}, V_\beta) = \prod_{h=1}^{H} p(\beta_h | \boldsymbol{\Theta}, V_\beta, \mathbf{z}_h) \tag{10.22}$$

とおくことができる．したがって，パラメータの同時事後分布は全データ $\mathbf{Y} = \{\mathbf{y}_h, \mathbf{X}_h, \mathbf{z}_h\}$ を与件として，次のように表される．

$$\begin{aligned} &p\left(\{\beta_h\}, \left\{\sigma_h^2\right\}, \boldsymbol{\Theta}, V_\beta | \mathbf{Y}\right) \propto p\left(\mathbf{Y}, \{\beta_h\}, \left\{\sigma_h^2\right\}, \boldsymbol{\Theta}, V_\beta\right) \\ &= p\left(\left\{\sigma_h^2\right\}\right) p(\boldsymbol{\Theta}, V_\beta) \prod_{h=1}^{H} \left\{p(\beta_h | \boldsymbol{\Theta}, V_\beta, \mathbf{z}_h) p\left(\mathbf{y}_h | \beta_h, \sigma_h^2, \mathbf{X}_h\right)\right\} \end{aligned} \tag{10.23}$$

さらに，階層モデルの事前分布には，多変量回帰モデルの場合の設定に準じて

$$p(\boldsymbol{\Theta}, V_\beta) = p(\boldsymbol{\Theta} | V_\beta) p(V_\beta) \tag{10.24}$$

と分解し，さらに $\{\sigma_h^2\}$ に対して個体間の独立性を仮定して

$$p\left(\left\{\sigma_h^2\right\}\right) = \prod_{h=1}^{H} p\left(\sigma_h^2\right) \tag{10.25}$$

とすれば，同時事後分布は次のように書かれる．

$$\begin{aligned} &p\left(\{\beta_h\}, \left\{\sigma_h^2\right\}, \boldsymbol{\Theta}, V_\beta | \mathbf{Y}\right) \\ &\quad \propto p(\boldsymbol{\Theta} | V_\beta) p(V_\beta) \left[\prod_{h=1}^{H} p(\beta_h | \boldsymbol{\Theta}, V_\beta, \mathbf{z}_h) p\left(\sigma_h^2\right) p\left(\mathbf{y}_h | \beta_h, \sigma_h^2, \mathbf{X}_h\right)\right] \end{aligned} \tag{10.26}$$

10.4.2　事前分布の設定

次に，階層回帰モデルのパラメータ $(\{\beta_h\}, \{\sigma_h^2\}, \boldsymbol{\Theta}, V_\beta)$ の事前分布について整理する．まず，$\{\beta_h\}$ の事前分布は式 (10.15) の階層モデルであり，

$$\beta_h | \boldsymbol{\Theta}, V_\beta, \mathbf{z}_h \sim N_k(\boldsymbol{\Theta}' \mathbf{z}_h, V_\beta) \tag{10.27}$$

と表される．個体内モデルの回帰の誤差項の分散については，第 7 章の線形回帰モデルの場合と同様，逆ガンマ分布

$$\sigma_h^2 \sim IG(\nu_{0h}/2, s_{0h}/2) \tag{10.28}$$

を設定する．さらに，階層モデルのパラメータ $(\boldsymbol{\Theta}, V_\beta)$ については本章付録 B. の多変量回帰モデルに形式上対応し，多変量回帰モデルに関する共役事前分布と同様の設定をする．

$$\mathrm{vec}(\boldsymbol{\Theta})|V_\beta \sim N_{kq}\big(\mathrm{vec}\big(\bar{\boldsymbol{\Theta}}\big), V_\beta \otimes A^{-1}\big) \tag{10.29}$$

$$V_\beta \sim IW_k(\nu_0, V_0) \tag{10.30}$$

これらの事前分布の下では，ギッブスサンプリングが稼働するための完全条件付事後分布が下記のように正規分布と逆ガンマ分布，逆ウィシャート分布で決定される．

10.4.3　完全条件付事後分布

完全条件付事後分布 (i)

$$\beta_h|\sigma_h^2, \boldsymbol{\Theta}, V_\beta, \mathbf{Y} \sim N_k\big(\tilde{\beta}_h, \sigma_h^2(\mathbf{X}_h'\mathbf{X}_h + V_\beta^{-1})^{-1}\big)$$

ここで，$\tilde{\beta}_h = (\mathbf{X}_h'\mathbf{X}_h + V_\beta^{-1})^{-1}(\mathbf{X}_h'\mathbf{X}_h\hat{\beta}_h + \bar{\beta}_h)$，$\bar{\beta}_h = \boldsymbol{\Theta}'\mathbf{z}_h$，$\hat{\beta}_h = (\mathbf{X}_h'\mathbf{X}_h)^{-1}\,\mathbf{X}_h'\mathbf{y}_h$ である．

証明：同時事後分布（式 (10.26)）において，条件付きとした $(\sigma_h^2, \boldsymbol{\Theta}, V_\beta, \mathbf{Y})$ は定数項である．これを除いた β_h の対応する部分だけを取り出すと

$$p\big(\beta_h|\sigma_h^2, \boldsymbol{\Theta}, V_\beta, \mathbf{Y}\big) \propto p(\beta_h|\boldsymbol{\Theta}, V_\beta, \mathbf{z}_h)p\big(\mathbf{y}_h|\beta_h, \sigma_h^2, \mathbf{X}_h\big) \tag{10.31}$$

である．右辺は「正規事前分布 × 正規尤度関数」の形であり，線形回帰モデルの回帰係数に関する事後分布に関する関係により上記が得られる．

完全条件付事後分布 (ii)

$$\sigma_h^2|\beta_h, \boldsymbol{\Theta}, V_\beta, \mathbf{Y} \sim IG\left(\nu_{nh}^*/2, s_{nh}^*/2\right)$$

ここで，$\nu_{nh}^{*} = \nu_{0h} + n_h$，$s_{nh}^{*} = s_{0h} + (n_h - k)s_h^2$，
$s_h^2 = (\mathbf{y}_h - \mathbf{X}_h\hat{\beta}_h)'(\mathbf{y}_h - \mathbf{X}_h\hat{\beta}_h)/(n_h - k)$ である．

証明：(i) と同様に，式 (10.26) において条件付きとした定数項を除いた σ_h^2 に対応する部分は

$$p\big(\sigma_h^2|\beta_h, \mathbf{\Theta}, V_\beta, \mathbf{Y}\big) \propto p\big(\sigma_h^2\big)p\big(\mathbf{y}_h|\beta_h, \sigma_h^2, \mathbf{X}_h\big) \tag{10.32}$$

であり，右辺は「逆ガンマ事前分布 × 逆ガンマ尤度関数」の形である．(i) と同様の理由で結果が得られる．

完全条件付事後分布 (iii)

$$\mathrm{vec}(\mathbf{\Theta})|V_\beta, \beta_h, \mathbf{Y} \sim N_{kq}\big(\tilde{d}, V_\beta \otimes (\mathbf{Z}'\mathbf{Z} + A)^{-1}\big)$$

ここで，$\tilde{d} = \mathrm{vec}(\tilde{D}), \tilde{D} = (\mathbf{Z}'\mathbf{Z} + A)^{-1}(\mathbf{Z}'\mathbf{Z}\hat{D} + A\bar{D})$，
$\hat{D} = (\mathbf{Z}'\mathbf{Z})^{-1}\mathbf{Z}'\mathbf{B}$; $\bar{D} = \mathrm{vec}(\bar{\mathbf{\Theta}})$ である．

証明：式 (10.26) において条件付きとした定数項部分を除いた $\mathbf{\Theta}$ に対応する部分は

$$p(\mathbf{\Theta}|V_\beta, \beta_h, \mathbf{Y}) \propto p(\mathbf{\Theta}|V_\beta)\left[\prod_{h=1}^{H} p(\beta_h|\mathbf{\Theta}, V_\beta, \mathbf{z}_h)\right] \tag{10.33}$$

である．右辺は「正規事前分布 × 正規尤度関数」の形であり，章末の多変量回帰モデルより結果が得られる．

完全条件付事後分布 (iv)

$$V_\beta|\beta_h, \sigma_h^2, \mathbf{\Theta}, \mathbf{Y} \sim IW_k\left(\nu_0 + H, V_0 + \mathbf{S}\right)$$

ここで，$\mathbf{S} = \sum_{h=1}^{H}(\beta_h - \bar{\beta}_h)(\beta_h - \bar{\beta}_h)'$ である．

証明：式 (10.26) において定数項を除いた V_β に対応する部分は

$$p\big(V_\beta|\beta_h, \sigma_h^2, \mathbf{\Theta}, \mathbf{Y}\big) \propto p(V_\beta)\left[\prod_{h=1}^{H} p(\beta_h|\mathbf{\Theta}, V_\beta, \mathbf{z}_h)\right] \tag{10.34}$$

である．右辺は「逆ウィシャート事前分布 × 正規尤度関数」の形であることから結果が得られる．

R の分析例

次では，R のパッケージ "bayesm" の階層回帰モデルに対するコマンド :rhierLinearModel を実行してみよう．

階層回帰モデル：bayesm:rhierLinearModel の例

```
#bayesm-rhierLineaModel
> data(cheese)
> cat(" Quantiles of the Variables ",fill=TRUE)
> mat=apply(as.matrix(cheese[,2:4]),2,quantile)
> print(mat)
> if(nchar(Sys.getenv("LONG_TEST")) != 0) {R=2000}
  + else {R=200}
> retailer=levels(cheese$RETAILER)
> nreg=length(retailer)
> nvar=3
> regdata=NULL
> for (reg in 1:nreg) {
> y=log(cheese$VOLUME[cheese$RETAILER==retailer[reg]])
> iota=c(rep(1,length(y)))
> X=cbind(iota,cheese$DISP[cheese$RETAILER==retailer[reg]],
>         log(cheese$PRICE[cheese$RETAILER==retailer[reg]]))
> regdata[[reg]]=list(y=y,X=X)
> }
> Z=matrix(c(rep(1,nreg)),ncol=1)
> nz=ncol(Z)
> Data=list(regdata=regdata,Z=Z)
> Mcmc=list(R=R,keep=1)
> set.seed(66)
> out=rhierLinearModel(Data=Data,Mcmc=Mcmc)
> cat("Summary of Delta Draws",fill=TRUE)
```

```
> summary(out$Deltadraw)
> cat("Summary of Vbeta Draws",fill=TRUE)
> summary(out$Vbetadraw)
> plot(out$betadraw)
```

そこでは88カ所の店舗における商品（チーズ）の売上げ (y) をプロモーション (x_1) および価格 (x_2) の2変数で説明するもので，データ数は67週の週次データである．すなわち個体内モデルとして

$$y_{ht} = \alpha_h + \beta_{1h}x_{1ht} + \beta_{2h}x_{2ht} + \epsilon_{ht};\ \epsilon_{ht} \sim N(0, \sigma_h^2)$$
$$\text{ここで，}\ h = 1, ..., 88;\ t = 1, ..., 67 \tag{10.35}$$

を設定し，階層モデルとしては，

$$\beta_h = \bar{\beta} + e_h;\ \ e_h \sim N(0, \Sigma) \tag{10.36}$$
$$\bar{\beta} \sim N(0, \Lambda_0) \tag{10.37}$$
$$\Sigma \sim IW(5, 5I_3) \tag{10.38}$$

を設定している．MCMCの繰返しの回数を2200とし，最初の200をバーンインとして捨てている．

図10.1では，切片 α_h，プロモーション係数 β_{1h}，価格係数 β_{2h} の個体ごとの事後分布を箱ひげ図で表したものである．

プロモーション係数の推定値（事後平均）はすべての店舗でプラス，価格係数の推定値はすべての店舗でマイナスとなっており，先験的な符号条件と合致している．店舗ごとの推定値は個別効果（異質性）が大きいことがわかる．切片はベースラインセールを表し，これも個体効果は大きい．

この例のように，個別の効果を取り入れながら，共通性へ縮約して推定する方法は，Blattberg and George(1991) や Montgomery（1997）にみられるように，パフォーマンスの向上に寄与することが実証されている．この例の場合，各店舗ごとの回帰方程式をそれ自身のデータのみで推定したのでは，データが少なかったり，多くのノイズを含んでいたりするために，安定して推定が行えず，プラスの価格係数やマイナスのプロモーション係数が推定される場合があ

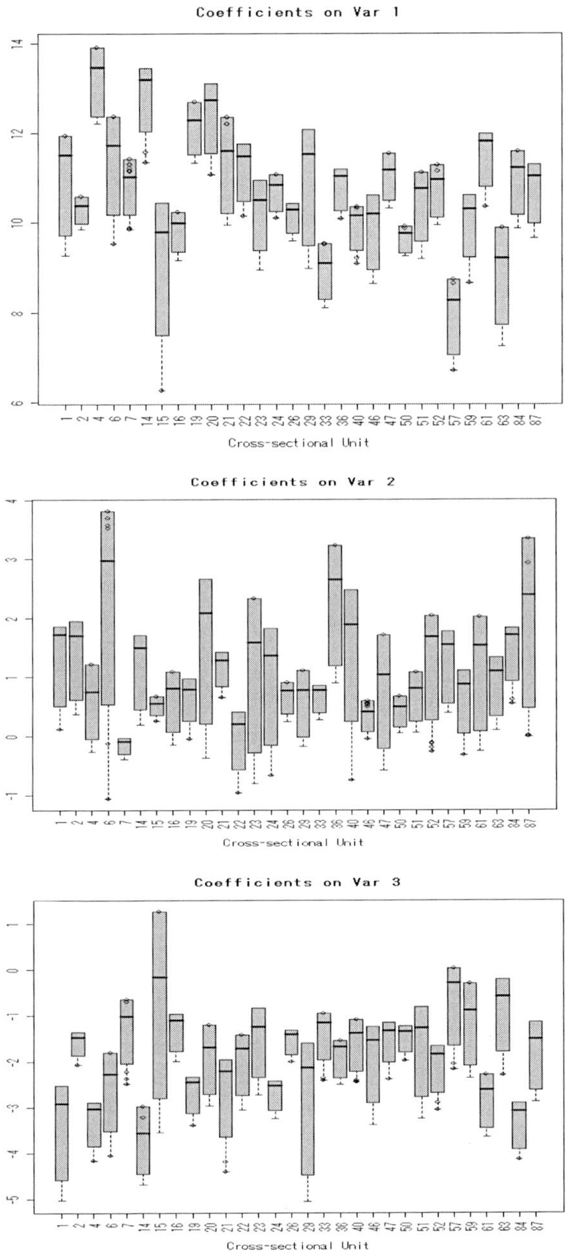

図 10.1 事後分布：$\alpha_h, \beta_{1h}, \beta_{2h}$

る．これを同一地域や同一チェーン店など店舗間になんらかの共通性が想定できるような場合は，この階層回帰モデルにより，各店舗のデータをプールして，個別効果（異質性）と共通性をバランス良く推定できる特徴をもっている．

付　　録

多変量回帰モデルは，階層モデルで重要な役割を果たすモデルである．その基本的構造は，1 変量回帰モデルの拡張として理解できるが，事後分布導出過程については行列の性質を駆使しないと理解が難しい．そこで，まず必要な行列演算の定義と性質をまとめて整理しておく．

A. 行列に関する定義と性質

以下では，行列に関する定義と演算の性質を G1〜G5 としてまとめておく．

G1. 行列の vec 作用素

m 個の n 次元列ベクトル $\mathbf{a}_i, i = 1, ..., m$ を横につないだ $n \times m$ 行列を

$$\mathbf{A} = [\mathbf{a}_1; \mathbf{a}_2; ...; \mathbf{a}_m] \tag{10.39}$$

とし，$\mathbf{a}_i$ を縦につないで mn 次元のベクトルとしたものを $\mathrm{vec}(\mathbf{A})$ とする．

$$\mathrm{vec}(\mathbf{A}) = \begin{pmatrix} \mathbf{a}_1 \\ \mathbf{a}_2 \\ \vdots \\ \mathbf{a}_m \end{pmatrix} \tag{10.40}$$

G2. 行列のトレース

$m \times m$ の正方行列 $\mathbf{A}$ に対して，トレースは対角要素の和で定義される．

$$\mathrm{tr}(\mathbf{A}) = \sum_{i=1}^{m} a_{ii} \tag{10.41}$$

G3. 行列のクロネッカー積

$\mathbf{A} : n \times m$ 行列および $\mathbf{B} : k \times j$ 行列に対して，行列のクロネッカー積 $\mathbf{A} \otimes \mathbf{B}$ は $nk \times mj$ 行列として下記のように定義される．

$$\mathbf{A}\otimes\mathbf{B}=\begin{pmatrix} a_{11}\mathbf{B} & a_{12}\mathbf{B}\ldots a_{1m}\mathbf{B} \\ a_{21}\mathbf{B} & a_{22}\mathbf{B}\ldots a_{2m}\mathbf{B} \\ \vdots & \vdots \qquad \vdots \\ a_{n1}\mathbf{B} & a_{n2}\mathbf{B}\ldots a_{nm}\mathbf{B} \end{pmatrix} \tag{10.42}$$

G4. 行列のクロネッカー積の演算

適当な次元の行列に対して定義されるクロネッカー積の演算に関して，次の性質がある.

$$\begin{aligned}
&\text{(i)} && \mathbf{A}\otimes(\mathbf{B}+\mathbf{C})=\mathbf{A}\otimes\mathbf{B}+\mathbf{A}\otimes\mathbf{C} \\
&\text{(ii)} && (\mathbf{A}\otimes\mathbf{B})\otimes\mathbf{C}=\mathbf{A}\otimes(\mathbf{B}\otimes\mathbf{C}) \\
&\text{(iii)} && (\mathbf{A}\otimes\mathbf{B})'=\mathbf{A}'\otimes\mathbf{B}' \\
&\text{(iv)} && (\mathbf{A}\otimes\mathbf{B})(\mathbf{C}\otimes\mathbf{D})=\mathbf{AC}\otimes\mathbf{BD} \\
&\text{(v)} && (\mathbf{A}\otimes\mathbf{B})^{-1}=\mathbf{A}^{-1}\otimes\mathbf{B}^{-1} \\
&\text{(vi)} && \mathbf{A}:k\times k;\mathbf{B}:n\times n \\
& && |\mathbf{A}\otimes\mathbf{B}|=|\mathbf{A}|^{k}\,|\mathbf{B}|^{n}
\end{aligned} \tag{10.43}$$

G5. vec とトレース作用素の演算

適当な次元の行列に対して定義される vec とトレースの演算に関して，次の性質がある.

$$\begin{aligned}
&\text{(i)} && \mathbf{A}:r\times m;\mathbf{B}:m\times n;\mathbf{C}:n\times k \\
& && \mathrm{vec}(\mathbf{ABC})=(\mathbf{C}'\otimes\mathbf{A})\mathrm{vec}(\mathbf{B}) \\
&\text{(ii)} && \mathbf{B}:k\times m;\mathbf{C}:m\times n \\
& && \mathrm{vec}(\mathbf{BC})=(\mathbf{I}_n\otimes\mathbf{B})\mathrm{vec}(\mathbf{C}) \\
& && \qquad\qquad=(\mathbf{C}'\otimes\mathbf{I}_k)\mathrm{vec}(\mathbf{B}) \\
& && \qquad\qquad=(\mathbf{C}'\otimes\mathbf{B})\mathrm{vec}(\mathbf{I}_m) \\
&\text{(iii)} && \mathbf{A}:k\times m;\mathbf{B}:m\times n;\mathbf{C}:n\times s \\
& && \mathrm{tr}(\mathbf{ABC})=\mathrm{vec}(\mathbf{A}')'(\mathbf{I}_n\otimes\mathbf{B})\mathrm{vec}(\mathbf{C}) \\
&\text{(iv)} && \mathbf{A}:k\times m;\mathbf{B}:m\times n;\mathbf{C}:n\times s;\mathbf{D}:s\times k \\
& && \mathrm{tr}(\mathbf{ABCD})=\mathrm{vec}(\mathbf{B}')'(\mathbf{A}'\otimes\mathbf{C})\mathrm{vec}(\mathbf{D})
\end{aligned} \tag{10.44}$$

B. 多変量回帰モデル

a. モデルの定義

多変量回帰モデルは，m 本の回帰方程式の間に相関を仮定する．つまり，各回帰方程式の s 時点の誤差項をまとめたものを $\mathbf{e}_s = (\varepsilon_{1s}, \varepsilon_{2s}, ..., \varepsilon_{ms})'$ と定義して，各要素の間に相関を仮定する．

$$\mathrm{Cov}(\mathbf{e}_s) = \Sigma \tag{10.45}$$

このとき，この相関構造を明示的に表現するために，s 時点での m 個の変数をまとめて $\mathbf{y}_s = (y_{1s}; y_{2s}; ...; y_{ms})'$，$\mathbf{x}_s = (x_{1s}; x_{2s}; ...; x_{ks})'$ および $\mathbf{e}_s = (\varepsilon_{1s}; \varepsilon_{2s}; ...; \varepsilon_{ms})'$ および $k \times m$ の行列 $\mathbf{B} = [\beta_1; \beta_2; ...; \beta_m]$ を定義すれば，次のように表現される．

$$\mathbf{y}_s = \mathbf{B}'\mathbf{x}_s + \mathbf{e}_s;\ \mathbf{e}_s \sim N_m(\mathbf{0}, \mathbf{\Sigma}) \tag{10.46}$$

いま，$s = 1, ..., n$ に関する回帰方程式をすべてまとめて

$$[\mathbf{y}_1; \mathbf{y}_2; ...; \mathbf{y}_n] = \mathbf{B}'[\mathbf{x}_1; \mathbf{x}_2; ...; \mathbf{x}_n] + [\mathbf{e}_1; \mathbf{e}_2; ...; \mathbf{e}_n] \tag{10.47}$$

として，さらに両辺の行列を転置させれば次のように書かれる．

$$\mathbf{Y} = \mathbf{X}\mathbf{B} + \mathbf{E} \tag{10.48}$$

このとき $n \times m$ の確率行列 $\mathbf{E}$ の分散共分散行列は

$$\mathrm{Cov}(\mathbf{E}) = \begin{pmatrix} \sigma_{11}\mathbf{I}_n \sigma_{12}\mathbf{I}_n ... \sigma_{1m}\mathbf{I}_n \\ \sigma_{21}\mathbf{I}_n \sigma_{22}\mathbf{I}_n ... \sigma_{2m}\mathbf{I}_n \\ \vdots \quad \vdots \quad \vdots \\ \sigma_{m1}\mathbf{I}_n \sigma_{m2}\mathbf{I}_n ... \sigma_{mm}\mathbf{I}_n \end{pmatrix} = \mathbf{\Sigma} \otimes \mathbf{I}_n \tag{10.49}$$

と評価されることから，次の正規分布に従うことがわかる．

$$\mathbf{E} : \mathrm{vec}(\mathbf{E}) \sim N_{nm}(\mathbf{0}, \mathbf{\Sigma} \otimes \mathbf{I}_n) \tag{10.50}$$

b. 尤度関数の導出

次に多変量回帰モデルのパラメータ $\mathbf{B}$ および $\boldsymbol{\Sigma}$ に関する尤度関数を導出しよう．

まず，s 時点の誤差項 $\mathbf{e}_s$ の密度関数は

$$p(\mathbf{e}_s|\boldsymbol{\Sigma}) = (2\pi)^{-m/2}|\boldsymbol{\Sigma}|^{-1/2}\exp\left(-\frac{1}{2}\mathbf{e}_s'\boldsymbol{\Sigma}^{-1}\mathbf{e}_s\right) \tag{10.51}$$

で与えられ，異なる時点の観測値は互いに無相関であること，つまり $(\mathbf{e}_1;\mathbf{e}_2;...;\mathbf{e}_n) = \mathbf{E}$ の各行は無相関であることから，同時分布は

$$\begin{aligned} p(\mathbf{E}|\boldsymbol{\Sigma}) &= \prod_{t=1}^{n}(2\pi)^{-m/2}|\boldsymbol{\Sigma}|^{-1/2}\exp\left(-\frac{1}{2}\mathbf{e}_t'\boldsymbol{\Sigma}^{-1}\mathbf{e}_t\right) \\ &\propto |\boldsymbol{\Sigma}|^{-n/2}\exp\left(-\frac{1}{2}\sum_{t=1}^{n}\mathbf{e}_t'\boldsymbol{\Sigma}^{-1}\mathbf{e}_t\right) \\ &= |\boldsymbol{\Sigma}|^{-n/2}\exp\left(-\frac{1}{2}\mathrm{tr}\left(\boldsymbol{\Sigma}^{-1}\left(\sum_{t=1}^{n}\mathbf{e}_t\mathbf{e}_t'\right)\right)\right) \\ &= |\boldsymbol{\Sigma}|^{-n/2}\exp\left(-\frac{1}{2}\mathrm{tr}\left(\boldsymbol{\Sigma}^{-1}(\mathbf{E}\mathbf{E}')\right)\right) \end{aligned} \tag{10.52}$$

と書かれる．これにより $\mathbf{Y} = (\mathbf{y}_1;\mathbf{y}_2;...;\mathbf{y}_n)$ の同時分布を導出するには，一変量の場合と同様に $\mathbf{E} = (\mathbf{e}_1;\mathbf{e}_2;...;\mathbf{e}_n)$ から $\mathbf{Y} = (y_1, y_2, ..., y_n)$ の変数変換をして，

$$p(\mathbf{Y}|\boldsymbol{\Sigma}) = p(\mathbf{E}|\boldsymbol{\Sigma})|\mathbf{J}_{\varepsilon\to y}| \tag{10.53}$$

と求まる．ここで，$\mathbf{J}_{\varepsilon\to y}$ は変数変換のヤコビアンで $n\times m$ 次元の単位行列であり，$|\mathbf{J}_{\varepsilon\to y}| = |\mathbf{I}_{nm}| = 1$ であることがわかる．したがって，

$$\begin{aligned} p(\mathbf{Y}|\mathbf{X},\mathbf{B},\boldsymbol{\Sigma}) &= p(\mathbf{E}|\boldsymbol{\Sigma})\times 1 \\ &\propto |\boldsymbol{\Sigma}|^{-n/2}\exp\left(-\frac{1}{2}\mathrm{tr}\left(\boldsymbol{\Sigma}^{-1}\mathbf{E}'\mathbf{E}\right)\right) \\ &= |\boldsymbol{\Sigma}|^{-n/2}\exp\left(-\frac{1}{2}\mathrm{tr}\left(\boldsymbol{\Sigma}^{-1}(\mathbf{Y}-\mathbf{X}\mathbf{B})'(\mathbf{Y}-\mathbf{X}\mathbf{B})\right)\right) \end{aligned} \tag{10.54}$$

となる．さらに，最小 2 乗推定に関する誤差項の分解式 (7.15) の多変量への拡張として，次の関係が成立する．

$$(\mathbf{Y}-\mathbf{X}\mathbf{B})'(\mathbf{Y}-\mathbf{X}\mathbf{B})=\mathbf{S}+(\mathbf{B}-\hat{\mathbf{B}})'\mathbf{X}'\mathbf{X}(\mathbf{B}-\hat{\mathbf{B}}) \tag{10.55}$$

ここで，多変量回帰の場合の最小 2 乗推定値が下記で定義される．

$$\hat{\mathbf{B}}=(\mathbf{X}'\mathbf{X})^{-1}\mathbf{X}'\mathbf{Y} \tag{10.56}$$

そのとき，$\mathbf{Y}|\mathbf{X},\mathbf{B},\boldsymbol{\Sigma}$ の同時確率密度関数は

$$\begin{aligned}&p(\mathbf{Y}|\mathbf{X},\mathbf{B},\boldsymbol{\Sigma})\\&\propto|\boldsymbol{\Sigma}|^{-\nu/2}\exp\Bigl(-\frac{1}{2}\mathrm{tr}\bigl(\boldsymbol{\Sigma}^{-1}\mathbf{S}\bigr)\Bigr)\\&\quad\cdot|\boldsymbol{\Sigma}|^{-k/2}\exp\Bigl(-\frac{1}{2}\mathrm{tr}\Bigl(\boldsymbol{\Sigma}^{-1}(\mathbf{B}-\hat{\mathbf{B}})'\mathbf{X}'\mathbf{X}(\mathbf{B}-\hat{\mathbf{B}})\Bigr)\Bigr)\end{aligned} \tag{10.57}$$

と分解して与えられることがわかる．ここで，$\nu=n-k$ である．また，$\mathbf{B}-\hat{\mathbf{B}}$ は $k\times m$ の行列 $[(\beta_1-\hat{\beta}_1),(\beta_2-\hat{\beta}_2),...,(\beta_m-\hat{\beta}_m)]$ であり，これらの各列を縦につなげてベクトルにする作用素 vec( ) を用いると，km 次元ベクトルが定義できる．

$$\beta-\hat{\beta}=\mathrm{vec}(\mathbf{B})-\mathrm{vec}(\hat{\mathbf{B}})=\bigl[(\beta_1-\hat{\beta}_1)'(\beta_2-\hat{\beta}_2)'\cdots(\beta_m-\hat{\beta}_m)'\bigr]' \tag{10.58}$$

したがって，行列に関する定義と演算に関する公式の G5.vec とトレース作用素の演算 (iv)(143 頁) から，

$$\mathrm{tr}\bigl(\boldsymbol{\Sigma}^{-1}(\mathbf{B}-\hat{\mathbf{B}})'\mathbf{X}'\mathbf{X}(\mathbf{B}-\hat{\mathbf{B}})\bigr)=\mathrm{vec}\bigl(\mathbf{B}-\hat{\mathbf{B}}\bigr)'\left(\boldsymbol{\Sigma}^{-1}\otimes\mathbf{X}'\mathbf{X}\right)\mathrm{vec}(\mathbf{B}-\hat{\mathbf{B}}) \tag{10.59}$$

が成立する．したがって，式 (10.57) の右辺第 2 項は

$$|\boldsymbol{\Sigma}|^{-k/2}\exp\Bigl(-\frac{1}{2}\bigl(\beta-\hat{\beta}\bigr)'\bigl(\boldsymbol{\Sigma}^{-1}\otimes\mathbf{X}'\mathbf{X}\bigr)\bigl(\beta-\hat{\beta}\bigr)\Bigr) \tag{10.60}$$

となる．これは km 次元の多変量正規分布の密度関数のカーネルになっている．

つまり，

$$\beta\sim N_{mk}\bigl(\hat{\beta},\boldsymbol{\Sigma}\otimes(\mathbf{X}'\mathbf{X})^{-1}\bigr) \tag{10.61}$$

であり，最小 2 乗推定値 $\hat{\beta}$ を平均とし，分散共分散行列 $\boldsymbol{\Sigma}\otimes(\mathbf{X}'\mathbf{X})^{-1}$ の多変量正規分布をする．

したがって，尤度関数は二つの積に分けられる．

$$p(\mathbf{Y}|\mathbf{X},\beta,\mathbf{\Sigma}) = IW(\nu,\mathbf{S}) \times N_{mk}\big(\hat{\beta},(\mathbf{\Sigma}\otimes\mathbf{X}'\mathbf{X})^{-1}\big) \tag{10.62}$$

上記の議論から，前項は $\mathbf{\Sigma}$ に関する逆ウィシャート分布の密度関数，後者は $\mathbf{\Sigma}$ を条件付きとした場合の β に関する正規分布の密度関数のカーネルをそれぞれ表していることがわかる．

c. 共役事前分布と事後分布

以上のことから，一変量回帰の場合と同様に，次の共役事前分布が定義できる．

$$\begin{aligned}
p(\beta,\Sigma) &= p(\beta|\Sigma)p(\Sigma) \\
&= |\mathbf{\Sigma}|^{-k/2}\exp\!\left(-\frac{1}{2}(\beta-\beta_{\mathbf{0}})'\left(\mathbf{\Sigma}^{-1}\otimes\mathbf{A}\right)(\beta-\beta_{\mathbf{0}})\right) \\
&\quad\times|\mathbf{\Sigma}|^{-(\nu_0+m+1)/2}\exp\!\left(-\frac{1}{2}\mathrm{tr}\big(\mathbf{\Sigma}^{-1}\mathbf{S}_0\big)\right)
\end{aligned} \tag{10.63}$$

ここで，$p(\beta|\Sigma)\sim N_{mk}\big(\beta_{\mathbf{0}},\mathbf{\Sigma}\otimes\mathbf{A}^{-1}\big)$ および $p\,(\mathbf{\Sigma})\sim IW_m(\nu_0,\mathbf{S}_0)$ と書かれる．このとき，同時事後分布は次のように書かれる．

$$\begin{aligned}
&p(\beta,\Sigma|\mathbf{X},\mathbf{Y}) = p(\mathbf{Y}|\mathbf{X},\beta,\mathbf{\Sigma})p(\beta|\mathbf{\Sigma})p(\mathbf{\Sigma}) \\
&= |\mathbf{\Sigma}|^{-\nu/2}\exp\!\left(-\frac{1}{2}\mathrm{tr}\big(\mathbf{\Sigma}^{-1}\mathbf{S}\big)\right) \\
&\quad\cdot|\mathbf{\Sigma}|^{-k/2}\exp\!\left(-\frac{1}{2}(\beta-\hat{\beta})'\left(\mathbf{\Sigma}^{-1}\otimes\mathbf{X}'\mathbf{X}\right)(\beta-\hat{\beta})\right) \\
&\quad\times|\mathbf{\Sigma}|^{-k/2}\exp\!\left(-\frac{1}{2}(\beta-\beta_{\mathbf{0}})'\left(\mathbf{\Sigma}^{-1}\otimes\mathbf{A}\right)(\beta-\beta_{\mathbf{0}})\right) \\
&\quad\cdot|\mathbf{\Sigma}|^{-(\nu_0+m+1)/2}\exp\!\left(-\frac{1}{2}\mathrm{tr}\big(\mathbf{\Sigma}^{-1}\mathbf{S}_0\big)\right) \\
&= |\mathbf{\Sigma}|^{-(\nu+\nu_0+m+k+1)/2}\exp\!\left(-\frac{1}{2}\mathrm{tr}\big(\mathbf{\Sigma}^{-1}\left(\mathbf{S}+\mathbf{S}_0\right)\big)\right) \\
&\quad\times|\mathbf{\Sigma}|^{-k/2}\exp\!\left(-\frac{1}{2}\big[(\beta-\hat{\beta})'\big(\mathbf{\Sigma}^{-1}\otimes\mathbf{X}'\mathbf{X}\big)(\beta-\hat{\beta})\right. \\
&\quad\left.+(\beta-\beta_{\mathbf{0}})'\big(\mathbf{\Sigma}^{-1}\otimes\mathbf{A}\big)(\beta-\beta_{\mathbf{0}})\big]\right)
\end{aligned} \tag{10.64}$$

ここで，第 2 項の指数の中は mk 次元のベクトル β に関する 2 次形式の和であるので，第 4 章の付録の公式 B より，

$$(\beta-\beta^*)'\left[\left(\mathbf{\Sigma}^{-1}\otimes\mathbf{X}'\mathbf{X}\right)+\left(\mathbf{\Sigma}^{-1}\otimes\mathbf{A}\right)\right](\beta-\beta^*)+\varpi \tag{10.65}$$

と評価される．ここで

$$\beta^*=\left[\left(\mathbf{\Sigma}^{-1}\otimes\mathbf{X}'\mathbf{X}\right)+\left(\mathbf{\Sigma}^{-1}\otimes\mathbf{A}\right)\right]^{-1}\left[\left(\mathbf{\Sigma}^{-1}\otimes\mathbf{X}'\mathbf{X}\right)\widehat{\beta}+\left(\mathbf{\Sigma}^{-1}\otimes\mathbf{A}\right)\beta_{\mathbf{0}}\right] \tag{10.66}$$

$$\varpi=(\hat{\beta}-\beta_{\mathbf{0}})'\left[\left(\mathbf{\Sigma}^{-1}\otimes\mathbf{X}'\mathbf{X}\right)^{-1}+\left(\mathbf{\Sigma}^{-1}\otimes\mathbf{A}\right)^{-1}\right]^{-1}(\hat{\beta}-\beta_{\mathbf{0}}) \tag{10.67}$$

である．β^* は，最小 2 乗推定値 $\hat{\beta}$ と事前分布の平均 $\beta_{\mathbf{0}}$ をそれぞれの分布の分散共分散行列で加重して平均をとったものと解釈でき，一変量の拡張となっていることがわかる．

また，公式 G4. 行列のクロネッカー積の演算の性質 (i) および (v) より

$$\left[\left(\mathbf{\Sigma}^{-1}\otimes\mathbf{X}'\mathbf{X}\right)+\left(\mathbf{\Sigma}^{-1}\otimes\mathbf{A}\right)\right]^{-1}=\mathbf{\Sigma}\otimes\left(\mathbf{X}'\mathbf{X}+\mathbf{A}\right)^{-1} \tag{10.68}$$

となることから，式 (10.65) および式 (10.66) は

$$(\beta-\beta^*)'\left[\mathbf{\Sigma}\otimes\left(\mathbf{X}'\mathbf{X}+\mathbf{A}\right)^{-1}\right]^{-1}(\beta-\beta^*)+\varpi \tag{10.69}$$

$$\beta^*=\left[\mathbf{\Sigma}\otimes\left(\mathbf{X}'\mathbf{X}+\mathbf{A}\right)^{-1}\right]\left[\left(\mathbf{\Sigma}^{-1}\otimes\mathbf{X}'\mathbf{X}\right)\widehat{\beta}+\left(\mathbf{\Sigma}^{-1}\otimes\mathbf{A}\right)\beta_{\mathbf{0}}\right] \tag{10.70}$$

と整理できる．また，式 (10.70) は，

$$\begin{aligned}\beta^*=&\left[\mathbf{\Sigma}\otimes\left(\mathbf{X}'\mathbf{X}+\mathbf{A}\right)^{-1}\right]\left(\mathbf{\Sigma}^{-1}\otimes\mathbf{X}'\mathbf{X}\right)\widehat{\beta}\\&+\left[\mathbf{\Sigma}\otimes\left(\mathbf{X}'\mathbf{X}+\mathbf{A}\right)^{-1}\right]\left(\mathbf{\Sigma}^{-1}\otimes\mathbf{A}\right)\beta_{\mathbf{0}}\end{aligned} \tag{10.71}$$

と展開され，右辺の各項は公式 G4. 行列のクロネッカー積の演算の性質 (iv) を利用して

$$\begin{aligned}\beta^*&=\left[I_m\otimes\left(\mathbf{X}'\mathbf{X}+\mathbf{A}\right)^{-1}\mathbf{X}'\mathbf{X}\right]\hat{\beta}+\left[I_m\otimes\left(\mathbf{X}'\mathbf{X}+\mathbf{A}\right)^{-1}\mathbf{A}\right]\beta_0\\&=\left[I_m\otimes\left(\mathbf{X}'\mathbf{X}+\mathbf{A}\right)^{-1}\mathbf{X}'\mathbf{X}\right]\mathrm{vec}\big(\hat{B}\big)+\left[I_m\otimes\left(\mathbf{X}'\mathbf{X}+\mathbf{A}\right)^{-1}\mathbf{A}\right]\mathrm{vec}\left(B_0\right)\end{aligned} \tag{10.72}$$

となる．さらに，式 (10.71) の右辺の各項は，公式 G5.vec とトレース作用素の性質 (ii) により

$\mathrm{vec}((\mathbf{X}'\mathbf{X}+\mathbf{A})^{-1}\mathbf{X}'\mathbf{X}\hat{\mathbf{B}})$ および $\mathrm{vec}((\mathbf{X}'\mathbf{X}+\mathbf{A})^{-1}\mathbf{A}\mathbf{B}_0)$ とまとめられ，

事後平均 β^* は

$$\beta^* = \mathrm{vec}\big((\mathbf{X}'\mathbf{X}+\mathbf{A})^{-1}(\mathbf{X}'\mathbf{X}\hat{\mathbf{B}}+\mathbf{A}\mathbf{B}_0)\big) \tag{10.73}$$

と導出される．ここで β^* は，一変量回帰モデルの事後平均（式 (7.22)）に対応していること，また分散共分散行列パラメータ $\mathbf{\Sigma}$ に依存しないことにも注意する．

以上のことから，同時事後分布 $p(\beta,\mathbf{\Sigma}|\mathbf{X},\mathbf{Y}) = p(\beta|\mathbf{\Sigma},\mathbf{X},\mathbf{Y})p(\mathbf{\Sigma}|\mathbf{X},\mathbf{Y})$ における β の条件付事後分布は

$$p(\beta|\Sigma,\mathbf{X},\mathbf{Y}) \sim N_{mk}\big(\beta^*,\mathbf{\Sigma}\otimes(\mathbf{X}'\mathbf{X}+\mathbf{A})^{-1}\big) \tag{10.74}$$

と評価されることがわかる．

次に，$\mathbf{\Sigma}$ の周辺事後分布についてみてみると，まず事後密度関数のカーネルは，式 (10.64) より

$$|\mathbf{\Sigma}|^{-(\nu+\nu_0+m+k+1)/2}\exp\left(-\frac{1}{2}\mathrm{tr}\big(\mathbf{\Sigma}^{-1}(\mathbf{S}+\mathbf{S}_0)\big)\right)\cdot\exp\left(-\frac{1}{2}\varpi\right) \tag{10.75}$$

で与えられる．次に式 (10.67) の ϖ に関して，公式 G4. 行列のクロネッカー積の演算の性質 (v) を利用すると

$$\begin{aligned}&\left[\left(\mathbf{\Sigma}^{-1}\otimes\mathbf{X}'\mathbf{X}\right)^{-1}+\left(\mathbf{\Sigma}^{-1}\otimes\mathbf{A}\right)^{-1}\right]^{-1} = \left[\mathbf{\Sigma}\otimes(\mathbf{X}'\mathbf{X})^{-1}+\mathbf{\Sigma}\otimes\mathbf{A}^{-1}\right]^{-1}\\ &= \left[\mathbf{\Sigma}\otimes\left((\mathbf{X}'\mathbf{X})^{-1}+\mathbf{A}^{-1}\right)\right]^{-1} = \mathbf{\Sigma}^{-1}\otimes\left((\mathbf{X}'\mathbf{X})^{-1}+\mathbf{A}^{-1}\right)^{-1}\end{aligned} \tag{10.76}$$

であるので，

$$\begin{aligned}\varpi &= (\hat{\beta}-\beta_{\mathbf{0}})'\left[\mathbf{\Sigma}^{-1}\otimes\left((\mathbf{X}'\mathbf{X})^{-1}+\mathbf{A}^{-1}\right)^{-1}\right](\hat{\beta}-\beta_{\mathbf{0}})\\ &= \mathrm{tr}\left(\mathbf{\Sigma}^{-1}(\hat{\mathbf{B}}-\mathbf{B}_0)'\left((\mathbf{X}'\mathbf{X})^{-1}+\mathbf{A}^{-1}\right)^{-1}(\hat{\mathbf{B}}-\mathbf{B}_0)\right)\end{aligned} \tag{10.77}$$

と書ける．したがって，$\hat{\mathbf{\Lambda}} = (\hat{\mathbf{B}}-\mathbf{B}_0)'[(\mathbf{X}'\mathbf{X})^{-1}+\mathbf{A}^{-1}]^{-1}(\hat{\mathbf{B}}-\mathbf{B}_0)$ として

$$p(\Sigma|\mathbf{X},\mathbf{Y}) \propto |\mathbf{\Sigma}|^{-(\nu_0+n+m+1)/2}\exp\left(-\frac{1}{2}\mathrm{tr}\big(\mathbf{\Sigma}^{-1}(\mathbf{S}_0+\mathbf{S}+\hat{\mathbf{\Lambda}})\big)\right) \tag{10.78}$$

であり，$\mathbf{S}' = \mathbf{S}+\hat{\mathbf{\Lambda}}$ として次の分布に従うことがわかる．

$$p(\Sigma|\mathbf{X},\mathbf{Y}) \sim IW_m(\nu_0+n,\mathbf{S}_0+\mathbf{S}') \tag{10.79}$$

11 パネルデータの統計モデル(II)
——階層ベイズ離散選択モデル——

11.1 階層ベイズ離散選択モデルの構造

本章では，離散選択モデルと階層回帰モデルを結びつけて，パネルごとにパラメータが異なる階層ベイズ離散選択モデルについて解説する．

効用関数の構造

第 8 章で説明した多項離散選択モデルに従って，パネル h の t 期における $m+1$ 個の選択肢の効用関数を下記で定義する．

$$U_{jht} = X'_{jht}\beta_h + e_{jht}, \quad j = 1, ..., m+1 \tag{11.1}$$

ここで X_{jht} は，p 次元の説明変数ベクトルである．

8.6 節でみたように離散選択モデルでは識別性のために一つの選択肢を基準とし，それからの差をとって相対効用 $u_{jht} = U_{jht} - U_{m+1ht}$ を定義する．さらに選択肢に固有な切片 α_{jh} を取り入れて一般的に効用関数を次式として書く．

$$\begin{aligned} u_{jht} &= \alpha_{jh} + x'_{jht}\beta_h + \varepsilon_{jht} \\ &\equiv \mathbf{x}'_{jht}\beta_h + \varepsilon_{jht} \end{aligned} \tag{11.2}$$

ここで，$\mathbf{x}_{jht} = (0, 0, ..., 1, 0, ..., 0, \mathbf{m}'_{jht})', \mathbf{m}_{jht} = x_{jht} - x_{m+1ht}$ および $\beta_h = (\alpha_{1h}, ..., \alpha_{mh}, \beta_{1h}, ..., \beta_{ph})'$ である．

誤差項に正規分布を仮定し，8.7 節の多項プロビットモデルのデータ拡大を応用して生成される効用ベクトル $\mathbf{u}^a_{ht}$

$$\mathbf{u}^a_{ht} \sim TN_{m_{[\mathbf{u}^a_{ht} \in R^m_t]}}(x_t\beta_h, \Sigma) \tag{11.3}$$

を用いて $t=1,...,n_h$ に関して独立な行動を仮定すると，尤度関数は

$$p\big(\mathbf{u}_h^a|\beta_h,\Sigma,\mathbf{X}_h\big)$$
$$=(2\pi)^{-n_hm/2}\,|\Sigma|^{-n_h/2}\exp\Bigg\{-\frac{1}{2}\sum_{t=1}^{n_h}\big(\mathbf{u}_{ht}^a-\mathbf{X}_{ht}\beta_h\big)'\Sigma^{-1}\big(\mathbf{u}_{ht}^a-\mathbf{X}_{ht}\beta_h\big)\Bigg\} \tag{11.4}$$

と表せる．ここで $\mathbf{u}_h^a=(\mathbf{u}_{h1}^a{}',\mathbf{u}_{h2}^a{}',...,\mathbf{u}_{hn_h}^a{}')'$，$\mathbf{X}_h=(\mathbf{X}_{h1};\mathbf{X}_{h2};...;\mathbf{X}_{hn_h})$ である．

11.2 階層ベイズ多項プロビットモデル

11.2.1 個体間モデル——異質性の事前分布——

個体間の関係を規定する階層モデルは，パネル固有変数 $\mathbf{z}_h$ へ係数 β_h を回帰させる形で次式のように定義された．

$$\beta_h=\mathbf{\Theta}'\mathbf{z}_h+\eta_h,\ \eta_h\sim N_k(\mathbf{0},V_\beta) \tag{11.5}$$

ここで，k を m 個の選択肢固有切片と説明変数の数 p の和 $k=m+p$ とし，k 次元ベクトル β_h，$k\times q$ 行列 $\mathbf{\Theta}=[\theta_1,\theta_2,...,\theta_q]$，$\mathbf{z}_h=(z_{1h},z_{2h},...,z_{qh})'$，$\eta_h=(\eta_{1h},\eta_{2h},...,\eta_{kh})'$ である．η_h は回帰の誤差項であり，$k\times q$ 行列の $\mathbf{\Theta}'$ は回帰係数行列となる．また，q は階層回帰の説明変数の個数である．いま，階層モデル（式 (11.5)）は，β_h に対する事前分布として正規分布 $\beta_h\sim N_k\left(\mathbf{\Theta}'\mathbf{z}_h,V_\beta\right)$ を設定していることに等しい．式 (11.5) をパネル全体でまとめて，多変量回帰モデル

$$\mathbf{B}=\mathbf{Z\Theta}+\mathrm{E}^* \tag{11.6}$$

の形で書き換える．この多変量回帰モデルのベイズ推測は，$\mathbf{B}$ を従属変数行列 $\mathbf{Y}$，$\mathbf{Z}$ を説明変数行列 $\mathbf{X}$ に置き換えたものと考えることができ，多変量回帰モデルのベイズ推測が適用できる．

いま，階層モデルのパラメータ $(\mathbf{\Theta},V_\beta)$ に対する事前分布を $p(\mathbf{\Theta},V_\beta)$ としたとき，階層離散選択モデルの同時事後分布は，第 10 章の階層回帰モデルとの対応において，

$$
\begin{aligned}
&p(\{\beta_h\}, \Sigma, \boldsymbol{\Theta}, V_\beta | \{\mathbf{y}_h\}) \propto p(\{\mathbf{y}_h\}, \{\beta_h\}, \Sigma, \Theta, V_\beta) \\
&= p(\boldsymbol{\Theta}, V_\beta) p(\Sigma) \prod_{h=1}^{H} \left\{ p(\beta_h | \boldsymbol{\Theta}, V_\beta, \mathbf{z}_h) \Pr\{\mathbf{y}_h | \beta_h, \Sigma, \mathbf{X}_h\} \right\}
\end{aligned}
\tag{11.7}
$$

と表される．ここで，個体内の尤度関数が選択確率

$$
\Pr\{\mathbf{y}_h | \beta_h, \Sigma, \mathbf{X}_h\} = \prod_{t=1}^{n_h} \Pr\{\mathbf{y}_{ht} | \beta_h, \Sigma, \mathbf{X}_h\} \tag{11.8}
$$

となっていることに注意する．

このとき，第 8 章の多項プロビットモデルに従えば，パラメータの同時事後分布は，データ拡大された効用 $\mathbf{u}_{ht}^a$ を用いて下記のように書くことができる．

$$
\begin{aligned}
&p(\{\beta_h\}, \Sigma, \boldsymbol{\Theta}, V_\beta | \mathbf{Y}) \propto p(\mathbf{Y}, \{\mathbf{u}_{ht}^a\}, \{\beta_h\}, \Sigma, \boldsymbol{\Theta}, V_\beta) \\
&= p(\boldsymbol{\Theta}, V_\beta) p(\Sigma) \prod_{h=1}^{H} \left\{ p(\beta_h | \boldsymbol{\Theta}, V_\beta, \mathbf{z}_h) \prod_{t=1}^{n_h} p(\mathbf{u}_{ht}^a | \beta_h, \Sigma, \mathbf{X}_{ht}) \right\}
\end{aligned}
\tag{11.9}
$$

11.2.2　事前分布の設定

(1)　効用関数パラメータ

1. 分散共分散パラメータ Σ

Σ は効用関数 $\mathbf{u}_{ht} \sim N(\mathbf{X}_{ht}\beta_h, \Sigma)$ の分散共分散行列であり，線形回帰モデルの枠組みに対応させて逆ウィシャート分布

$$
\Sigma \sim IW_m(s_0, R_0) \tag{11.10}
$$

を設定する

2. 係数パラメータ β_h

階層モデルが事前分布の意味をなし, 式 (11.5) で与えられたように $(\boldsymbol{\Theta}, \mathbf{z}_h, V_\beta)$ の条件付分布として，$\beta_h \sim N_k(\boldsymbol{\Theta}'\mathbf{z}_h, V_\beta)$ の正規分布を設定する．

(2)　階層モデルパラメータ

1. 分散共分散パラメータ V_β

V_β は階層モデルの従属変数 $\beta_h \sim N_k(\boldsymbol{\Theta}'\mathbf{z}_h, V_\beta)$ の分散共分散行列であり，(1) の 1. と同様に，逆ウィシャート分布を設定する：

$$
V_\beta \sim IW_k(f_0, V_0); \tag{11.11}
$$

2. 係数パラメータ $\mathbf{\Theta}$

多変量回帰モデルに対する共役事前分布として，V_β を条件付きとした正規–逆ウィシャート事前分布を利用でき，正規分布を設定する：

$$\delta = \mathrm{vec}(\mathbf{\Theta})|V_\beta \sim N_{Hk}\big(\bar{d}, (V_\beta \otimes A_d^{-1})\big) \tag{11.12}$$

11.2.3 完全条件付事後分布と MCMC アルゴリズム

これらの事前分布の下で，次の五つの条件付分布

I. $\mathbf{u}_h^a|\mathbf{y}_h, \beta_h, \Sigma, \mathbf{X}_h; h = 1, ..., H$

II. $\beta_h|\mathbf{u}_h^a, \mathbf{\Theta}, V_\beta, \mathbf{z}_h, \Sigma, \mathbf{X}_h; h = 1, ..., H$

III. $\Sigma|\{\mathbf{u}_h^a\}, \{\beta_h\}, \{\mathbf{X}_h\}$

IV. $\mathbf{\Theta}|\{\beta_h\}, V_\beta, \{\mathbf{z}_h\}$

V. $V_\beta|\{\beta_h\}, \mathbf{\Theta}, \{\mathbf{z}_h\}$

をギッブスサンプリングにより評価し，同時事後分布

$$f(\{\mathbf{u}_h^a\}, \{\beta_h\}, \Sigma, \Theta, V_\beta|\{\mathbf{y}_h\}, \{\mathbf{X}_h\}, \{\mathbf{z}_h\})$$

を求める．

次にはこれらの条件付事後分布を具体的にみていく．

I. $\mathbf{u}_h^a|\mathbf{y}_h, \beta_h, \Sigma, \mathbf{X}_h$

$$\mathbf{u}_{ht}^a = \mathbf{X}_{ht}\beta_h + \varepsilon_{ht};\ \varepsilon_{ht} \sim TN_{m_{[\mathbf{u}_{ht}^a \in R_{ht}^m]}}(0, \Sigma) \tag{11.13}$$

証明：これは t 期の効用関数の構造であり，各期の選択データ $y_{ht} = k$ に対応して，データ拡大により，$u_k = \max(u_1, ..., u_m)$ の制約 R_{ht}^m の下で，切断正規分布からのサンプリングにより行う．

II. $\beta_h|\mathbf{u}_h^a, \mathbf{\Theta}, V_\beta, \mathbf{z}_h, \Sigma, \mathbf{X}_h$

$$\beta_h \sim N\big(\bar{\mathbf{b}}, \big(\mathbf{X}_h^{*'}\mathbf{X}_h^* + V_\beta^{-1}\big)^{-1}\big) = N\big(\bar{\mathbf{b}}, \big(\mathbf{X}'_h\Sigma^{-1}\mathbf{X}_h + V_\beta^{-1}\big)^{-1}\big) \tag{11.14}$$

$$\begin{aligned}\bar{\mathbf{b}} &= \left(\mathbf{X}_h^{*\prime}\mathbf{X}_h^* + V_\beta^{-1}\right)^{-1}\left[\mathbf{X}_h^{*\prime}\mathbf{X}_h^*\hat{\beta}_h + V_\beta^{-1}\bar{\beta}_h\right] \\ &= \left(\mathbf{X}'_h\Sigma^{-1}\mathbf{X}_h + V_\beta^{-1}\right)^{-1}\left[\mathbf{X}'_h\Sigma^{-1}\mathbf{X}_h\hat{\beta}_h + V_\beta^{-1}\bar{\beta}_h\right]\end{aligned} \tag{11.15}$$

ここで $\hat{\beta}_h = (\mathbf{X}_h^{*\prime}\mathbf{X}_h^*)^{-1}\mathbf{X}_h^{*\prime}\mathbf{u}_h^* = (\mathbf{X}'_h\Sigma^{-1}\mathbf{X}_h)^{-1}\mathbf{X}'_h\Sigma^{-1}\mathbf{u}_h$, $\bar{\beta}_h = \mathbf{\Theta}'\mathbf{z}_h$.

証明：同時条件付事後分布の関連部分はI. のデータ拡大によって生成された効用ベクトル $\{\mathbf{u}_{ht}^a\}$ を使って,

$$p(\beta_h|\Theta, V_\beta, \mathbf{z}_h)\left[\prod_{t=1}^{n_h} p(\mathbf{u}_{ht}^a|\mathbf{X}_{ht}, \beta_h, \Sigma)\right] \tag{11.16}$$

と書かれる．これは，既知の分散共分散行列 Σ の線形回帰モデルにおける係数パラメータのベイズ推測であることがわかる．

第 10 章では分散共分散行列が $\Sigma = \sigma^2 I$ という対角行列でパラメータは一つのスカラー σ^2 であったのに対して，ここでは一般の行列であることに注意する．その際，次の処理を行う．いま，$\Sigma^{-1} = C'C$ となる m 次正方行列を C とし，$C'\mathbf{u}_{ht}^a = \mathbf{u}_{ht}^*$, $C'\mathbf{X}_{ht} = \mathbf{X}_{ht}^*$, $C'\varepsilon_{ht} = \varepsilon_{ht}^*$ と変数の変換をすれば，対角行列の分散共分散行列をもつ効用ベクトルのシステム

$$\mathbf{u}_{ht}^* = \mathbf{X}_{ht}^*\beta_h + \varepsilon_{ht}^*;\ \varepsilon_{ht}^* \sim N_m(0, I_m) \tag{11.17}$$

が得られ，各変数を縦につないでできる $\mathbf{u}_h^* = \mathbf{X}_h^*\beta_h + \varepsilon_h^*$ の関係から

$$\mathbf{u}_h^*|\mathbf{X}_h^*, \beta_h, \Sigma \sim N_{n_h\times m}(\mathbf{X}_h^*\beta_h, I_{n_h\times m}) \tag{11.18}$$

が得られ，相関のない正規線形回帰モデルの尤度が得られる．上記の導出の際，$\Sigma^{-1} = C'C$ から $\mathbf{X}_h^{*\prime}\mathbf{X}_h^* = \mathbf{X}_h'C'C\mathbf{X}_h$ および $\mathbf{X}_h^{*\prime}\mathbf{u}_h^* = \mathbf{X}_h'C'C\mathbf{u}_h$ の関係にあること，そして $\mathbf{u}_h$ から $\mathbf{u}_h^*$ へ行った変数変換に伴うヤコビアンは Σ の関数であるが，条件付分布で定数とできる性質を利用していることに注意する．

III. $\Sigma|\{\mathbf{u}_h^a\}, \{\beta_h\}, \{\mathbf{X}_h\}$

$$\Sigma|\{\mathbf{u}_{ht}^a\}, \{\beta_h\} \sim IW_m(s_n, R_n) \tag{11.19}$$

ここで，$s_n = s_0 + \sum_{h=1}^{H} n_h$，$R_n = R_0 + \sum_{h=1}^{H} (\mathbf{u}_h^a - \mathbf{X}_h\beta_h)(\mathbf{u}_h^a - \mathbf{X}_h\beta_h)'$

証明：同時事後分布の関連部分は $p(\Sigma)\left[\prod_{h=1}^{H}\prod_{t=1}^{n_h} p\left(\mathbf{u}_{ht}^a|\mathbf{X}_{ht},\beta_h,\Sigma\right)\right]$ であり，平均が既知 $\mathbf{X}_h\beta_h$ の分散共分散行列のベイズ推測に対応し，第 4 章の議論から得られる. ■

IV. $\boldsymbol{\Theta}|\{\beta_h\}, V_\beta, \{\mathbf{z}_h\}$

$$\delta = \mathrm{vec}(\boldsymbol{\Theta}) \sim N_{kq}\left(\tilde{d}, V_\beta \otimes (\mathbf{Z}'\mathbf{Z} + A_d)^{-1}\right) \tag{11.20}$$

ここで，$\tilde{d} = \mathrm{vec}(\tilde{D})$，$\tilde{D} = (\mathbf{Z}'\mathbf{Z} + A_d)^{-1}(\mathbf{Z}'\mathbf{Z}\hat{D} + A_d\bar{D})$，$\hat{D} = (\mathbf{Z}'\mathbf{Z})^{-1}\mathbf{Z}'\mathbf{B}$

証明：これは多変量回帰モデルにおいて誤差分散を既知とした場合の回帰係数行列のベイズ推測であるので，第 10 章の議論により得られる. ■

V. $V_\beta|\{\beta_h\}, \boldsymbol{\Theta}, \{\mathbf{z}_h\}$

$$V_\beta \sim IW_m\left(\nu_0 + H, V_0 + \mathbf{S}'\right) \tag{11.21}$$

ここで，$\mathbf{S}' = \sum_{h=1}^{H}(\beta_h - \bar{\beta}_h)(\beta_h - \bar{\beta}_h)'$, $\bar{\beta}_h = \boldsymbol{\Theta}'\mathbf{z}_h$

証明：これも多変量回帰モデルで，回帰係数行列を既知とした場合の分散共分散行列に対するベイズ推測であり，第 4 章の議論から得られる. ■

11.2.4 識別性条件の処理

第 8 章でみたように，効用関数の誤差の分散共分散行列の識別条件から分散の一つを 1（ここでは $\sigma_{11}^2 = 1$）とおいた. 上記のアルゴリズムでは，逆ウィシャート分布からの乱数発生からわかるように，この条件の下でサンプリングがされておらず，いわば識別されないモデルのアルゴリズムとなっている. そこで McCulloch and Rossi (1994) に従って，I.～V. においてサンプリングされたパラメータの識別性を事後的に

$$\begin{cases} \Sigma <= \Sigma/\sigma_{11}^2 \\ \mathbf{u}_{ht} <= \mathbf{u}_{ht}/\sigma_{11} \\ \beta_h <= \beta_h/\sigma_{11} \\ \mathbf{\Theta} <= \mathbf{\Theta}/\sigma_{11} \\ V_\beta <= V_\beta/\sigma_{11}^2 \end{cases} \tag{11.22}$$

により確保する．

11.3　階層ベイズ多項ロジットモデル

次に階層ベイズ多項ロジットモデルについてみてみよう．まず，ロジットモデルにおける選択肢 j の選択確率は，基準ブランド $m+1$ からの相対効用の表現式 (11.2) を用いて，

$$\Pr\{y_{ht}=j\} = \begin{cases} \dfrac{\exp\{\mathbf{x}'_{jht}\beta_h\}}{\exp\{\mathbf{x}'_{1ht}\beta_h\}+\cdots+\exp\{\mathbf{x}'_{mht}\beta_h\}+1}, & j \le m \\ \dfrac{1}{\exp\{\mathbf{x}'_{1ht}\beta_h\}+\cdots+\exp\{\mathbf{x}'_{mht}\beta_h\}+1}, & j = m+1 \end{cases} \tag{11.23}$$

と書かれる．また，個体 h の反応パラメータ β_h の尤度関数は

$$p(\mathbf{y}_h|\beta_h,\mathbf{X}_h) = \prod_{t=1}^{n_h} \Pr\{y_{ht}=j|\beta_h,\mathbf{X}_h\} \tag{11.24}$$

で与えられる．同一の個体間モデルの下でのパラメータに関する同時事後分布は，次式で与えられる．

$$p(\{\beta_h\},\Theta,V_\beta|\mathbf{Y}) \propto p(\Theta,V_\beta) \prod_{h=1}^{H} \{p(\beta_h|\Theta,V_\beta,\mathbf{z}_h)p(\mathbf{y}_h|\beta_h,\mathbf{X}_h)\} \tag{11.25}$$

以下では，$\{\beta_h\}$，Θ，V の条件付事後分布をみていく．

I. $\beta_h|\mathbf{\Theta},V_\beta,\mathbf{z}_h; h=1,...,H$

β_h の条件付事後分布は

$$p(\beta_h|\mathbf{\Theta},V_\beta,\mathbf{z}_h,\mathbf{y}_h,\mathbf{X}_h) \propto p(\beta_h|\mathbf{\Theta},V_\beta,\mathbf{z}_h)p(\mathbf{y}_h|\beta_h,\mathbf{X}_h) \tag{11.26}$$

と直接定義される．共役分布の関係は利用できないので，次の M–H サンプリングを利用する．

ランダムウォークアルゴリズム

1. 初期化 $\beta_h^{(0)}$ を初期値とする．
2. $i,\ i \geq 1; \omega \sim N_k(0, \sigma_{RW}^2 I_k)$ をサンプリングし

$$\beta_h = \beta_h^{(i-1)} + \omega';$$

とする（ここで σ_{RW}^2 の選択は採用確率の効率性と関係する）．

そのとき，採用確率は次式で与えられる．

$$\alpha\big(\beta_h^{(i-1)}; \beta_h\big) = \min\left\{\frac{p\left(\beta_h|\mathbf{\Theta}, V_\beta, \mathbf{z}_h, \mathbf{y}_h, \mathbf{X}_h\right)}{p(\beta_h^{(i-1)}|\mathbf{\Theta}, V_\beta, \mathbf{z}_h, \mathbf{y}_h, \mathbf{X}_h)}, 1\right\} \quad (11.27)$$

3. 一様乱数 $u \sim U_{[0,1]}$ をサンプリングし，$u \leq \alpha(\beta_h^{(i-1)}; \beta_h)$ のとき $\beta_h^{(i)} = \beta_h$ として採用し，これ以外は $\beta_h^{(i)} = \beta_h^{(i-1)}$ として採用せず，2. へ戻る．

II. $\mathbf{\Theta}|\left\{\beta_h\right\}, V_\beta, \{\mathbf{z}_h\}$ および **III.** $V_\beta|\left\{\beta_h\right\}, \mathbf{\Theta}, \{\mathbf{z}_h\}$ については，プロビットモデルの場合と同じである．

R の分析例：階層ベイズ多項ロジットモデル

次に，Rossi, *et al.*(2005) におけるパッケージ “bayesm”における階層ベイズロジットモデル “rhierMnlRwMixture” を用いた消費者のブランド選択の例を示す．ここでは，カレールー市場に関する消費者パネルデータを用いる．そこではブランド数が $m = 4$，パネル数が $H = 76$ あり，また説明変数 $\mathbf{x}_h$ としては価格およびプロモーション（実施の有無の二値データ），そしてパネル固有変数 $\mathbf{z}_h$ としては，定数項および購買回数，購買ブランド数を用いている．MCMC の繰り返し回数は $R = 5000$ であり，最初の 500 回はバーンイン期間として除外している．5.68 分の計算時間がかかっている．図 11.1 では，MCMC のサンプリングの時系列プロットと標本自己相関係数が描かれている．また図 11.2 では，ブランド 1 の切片 α_1 とプロモーションに対する係数 β_{ph} について，76 の各パネルの事後分布が箱ひげ図で描かれている．ブランド 1 は市場で最大シェ

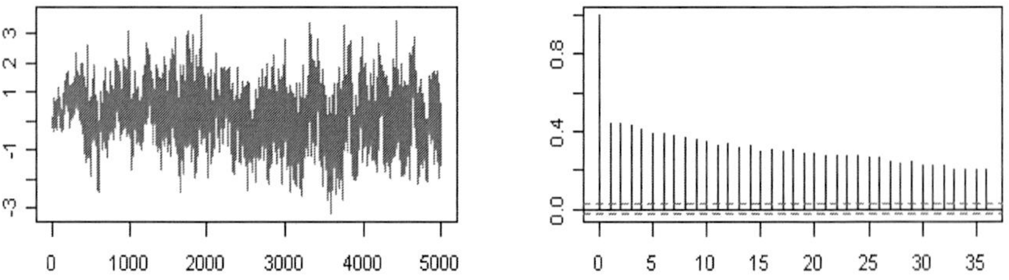

図 11.1　サンプリング系列

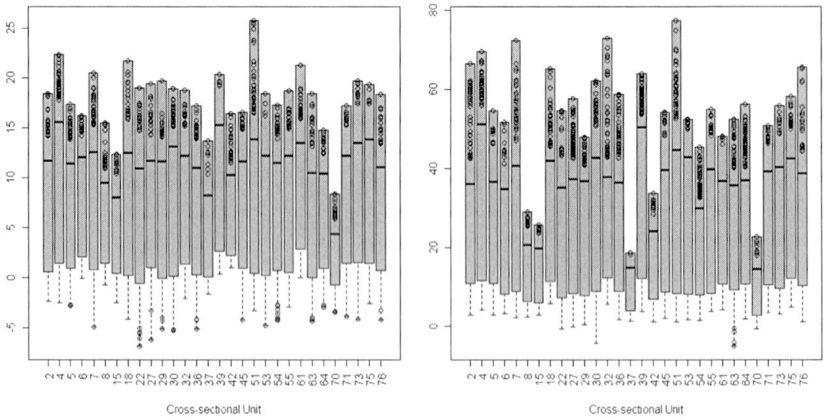

図 11.2　消費者間のパラメータ事後分布：ブランド切片 1 およびプロモーション係数

アをもつブランドであり，多くのパネルでプラスの値をとり，またプロモーション係数はすべてのパネルで正の大きな効果をもっていることはわかる．パネルによって異質な分布を示している．さらに図 11.3 では，階層パラメータの事後分布が描かれている．

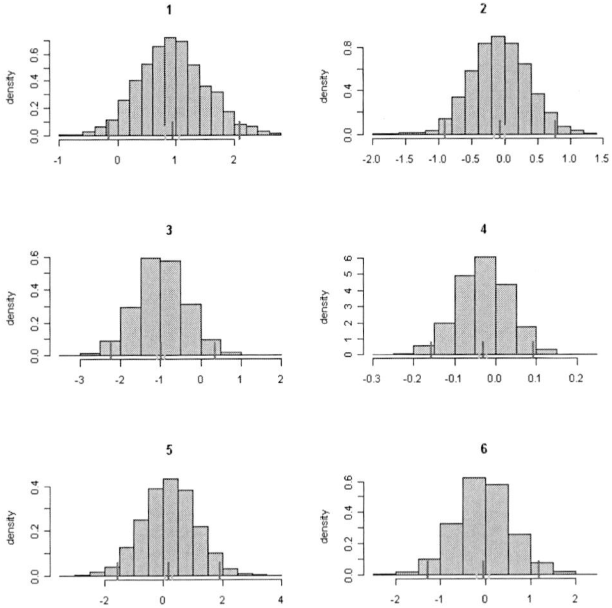

図 11.3　階層パラメータの事後分布

参 考 文 献

1) Akaike, H.(1974), "Information theory and an extension of the maximum likelihood principle", reprinted from Koz, S. and N.L. Johnson (eds)(1993) *Breakthrough in Statistics*, Springer-Verlag.
2) Anderson, B.D.O. and J.B. Moore (1979), *Optimal Filtering*, Prentice-Hall.
3) Blattberg, R.C. and I. George(1991), "Shrinkage estimation of price and promotional elasticities: Seemingly unrelated equations", *Journal of the American Statistical Association*, **86**, 304–315.
4) Box, B.E.P. and G. Jenkins (1976), *Time Series Analysis: Forecasting and Control*, Holden Day.
5) Box, B.E.P. and G. Tiao (1983), *Bayesian Inference in Statistical Analysis*, Addison-Wesley.
6) Carlin, B.P. and T.A. Louis (1996), *Bayes and Empirical Bayes Methods for Data Analysis*, Chapman & Hall.
7) Chib, S. (1995), "Marginal likelihood from the Gibbs output", *Journal of the American Statistical Association*, **90**, 1313–1321.
8) DeGroot, M. (1970), *Optimal Statistical Decisions*, McGraw-Hill.
9) Fisher,R.A.(1925), "Theory of statistical estimation", Proceedings of the Cambridge Philosophical Society, 22: 700–725.
10) Gelfand, A. and D.K. Day (1994), "Bayesian model choice: A symptotics and excact calculations", *Journal of the Royal Statistical Society B*, **56**, 398–409.
11) Gelfand, A. and A.F.M. Smith (1990), "Sampling-based approaches to calculating marginal densities", *Journal of the American Statistical Association*, **85**, 398–409.
12) Gelman, A., J.B. Carlin, H.S. Stern and D.B. Rubin (2004), *Bayesian Data Analysis*, 2nd ed., Chapman & Hall/CRC.
13) Geman, S. and D. Geman (1984), "Stochastic relaxation, Gibbs distributions and the Bayesian restoration of images", *IEEE Transactions on Pattern Analysis and Machine Intelligence*, **6**, 721–741.
14) Geweke, J. (1989), "Bayesian inference in econometric models using Monte

Carlo integration", *Econometrica*, **57**, 1317–1339.

15) Geweke, J. (1992), "Evaluating accuracy of sampling based approaches to the calculation of posterior moments", In *Bayesian Statistics 4*, J.M. Bernardo, *et al.*(eds.), 169–193, Oxford University Press.
16) Geweke, J. (2005), *Contemporary Bayesian Econometrics and Statistics*, John Wiley & Sons.
17) Hammersley, J.M. and D.C. Handscomb (1964), *Monte Carlo Methods*, Chapman & Hall.
18) Harrison, P.J. and J.Q. Stevens (1976), "Bayesian forecasting(with discussio)", *Journal of the Royal Statistical Society B*, **38**, 205–247.
19) Harvey, A.C. (1989), *Forecasting Structural Time Series Models and the Kalman Filter*, Cambridge University Press.
20) Hastings, W.K. (1970), "Monte Carlo sampling methods using Markov chains and their applications", *Biometrika,* **57**, 97–109.
21) Jeffreys, H. (1961), *Theory of Probability*, 3rd ed., Oxford University Press.
22) Koop, G. (2003), *Bayesian Econometrics*, John Wiley & Sons.
23) Lancaster, T. (2004), *An Introduction to Modern Bayesian Econometrics*, Blackwell Publishing.（小暮厚之監訳（2010），朝倉書店より刊行予定）.
24) McCulloch, R. and P. E. Rossi (1994), "An exact likelihood analysis of the multinomial probit models", *Journal of Econometrics*, **64**, 207–240.
25) Metropolis, N., A.W. Rosenbluth, M.N. Rosenbluth, A.H. Teller and E. Teller (1953), "Equations of state calculations by fast computing machines", *Journal of Chemical Physics,* **21**, 1087–1092.
26) Montgomery, A.L.(1997), "Creating micro-marketing pricing strategies using supermarket scanner data", *Marketing Science*, **16**, 315–337.
27) Newton M.A. and A.E. Raftery (1994), "Approximate Bayesian inference with the weigheted likelihood bootstrap", *Journal of the Royal Statistical Society B*, **56**, 139–162.
28) Neyman, J. and E.S. Pearson (1928), "On the use and interpretation of certain test criteria for purposes of statistical infrence", *Biometrika*, **A20**, 175–240 and 263–294.
29) O'Hagan, A. (1994), *Kendall's Advanced Theory of Statistics, vol.2B(Bayesian Inference)*, Arnold.
30) Pole,A. M. West and J. Harrison (1994), *Applied Bayesian Forecasting and*

Time Series Analysis, Chapman & Hall.

31) Raftery, A.E. (1996), "Hypothesis testing and model selection via posterior simulation", In *Markov Chain Monte Carlo in Practice*, Gilks W.R., S. Richardson and D.J. Spiegelhalter (eds.), 163–187, Chapman & Hall/CRC.

32) Rossi, P. E., G. Allenby and R. McCulloch (2005), *Bayesian Statistics in Marketing*, John Wiley & Sons.

33) Savage, L. J. (1954), *The Foundations of Statistics*, Dover.

34) Schlaifer, R. (1969), *Analysis of Decisions under Uncertainty*, McGraw-Hill. (関谷 章訳 (1974),『意思決定の理論』, 東洋経済新報社).

35) Schwarz, G. (1978), "Estimating the dimension of a model", *Annals of Statistics*, **6**, 773–784.

36) Spiegelhalter, D.J., N.G. Best, B.P. Cralin, and van A. der Linde (2002), "Bayesian measure of model complexity and fit (with discussio)", *Jounral of the Royal Statistical Society B*, **64**, 583–639.

37) Tierney, L. (1994), "Markov chains for exploring posterior distributions"(with discussion and rejoiner), *Annals of Statistics,* **22**, 1701–1762.

38) Tieney, L. and J.B. Kadane (1986), "Accurate approximation for posterior moments and marginal densities", *Journal of the American Statistical Association*, **81**, 82–86.

39) West, M. and J. Harrison (1997), *Bayesian Forecasting and Dynamic Models*, Spriner-Verlag.

40) Zellner, A. (1971), *An Introductory Bayesian Inference in Econometrics*, John Wiley & Sons.

41) 赤池弘次, 北川源四郎, 甘利俊一, 樺島祥介, 下平英寿 (2007),『赤池情報量基準』, 共立出版.

42) 石井 信, 照井伸彦, 井元清哉, 樋口知之, 北川源四郎 (2007),『統計数理は隠された未来をあらわにする』, 東京電機大学出版局.

43) 石黒真木夫, 松本 隆, 乾 敏郎, 田邉國士 (2004),『階層ベイズモデルとその周辺』, 岩波書店.

44) 伊庭幸人, 種村正美, 大森裕浩, 和合 肇, 佐藤整尚, 高橋明彦 (2005),『計算統計 II—マルコフ連鎖モンテカルロ法とその周辺』, 岩波書店.

45) 小暮厚之 (2009),『R による統計データ分析入門』(シリーズ〈統計科学のプラクティス〉1), 朝倉書店.

46) 繁桝算男 (1985),『ベイズ統計入門』, 東京大学出版会.

47) 照井伸彦 (2008),『ベイズモデリングによるマーケティング分析』, 東京電機大学出版局.

48) 中妻照雄 (2003),『ファイナンスのための MCMC 法によるベイズ分析』, 三菱経済研究所.

49) 中妻照雄 (2007),『入門ベイズ統計学』(ファイナンス・ライブラリー 10), 朝倉書店.

50) 古谷知之 (2008),『ベイズ統計データ分析—R & WinBUGS—』(統計ライブラリー), 朝倉書店.

51) 和合　肇編著 (2005),『ベイズ計量経済分析』, 東洋経済新報社.

索　　引

ア　行

ARMA 過程　114

異質性 (heterogeneity)　131
1 変量切断正規分布　108
一様事前分布 (uniform prior)　8, 74
移動の確率 (probability of move) α　62
移動平均モデル (MA(q) : moving-average)　128
インポータンスサンプリング (importance sampling)　45, 49, 50

ウィシャート (Wishart) 分布　40
打ち切りデータ (censored data)　91

AIC (Akaike information criteria)　79
HPD 領域 (highest probability density) 18
MCMC 法　51
エルゴード性　45

オッズ比 (odds ratio)　101

カ　行

階層回帰モデル　135
階層事前分布 (hierarchical priors)　11
階層ベイズ (HB : hierachical Bayes)　2
階層ベイズ多項プロビットモデル　151
階層ベイズ多項ロジットモデル　156
階層ベイズモデル (HB : hierarchical Bayes model)　132
階層ベイズ離散選択モデル　150
階層モデル (hierarchical model)　11, 132
可逆的 (time reversible)　54
確信の度合い (degree of belief)　3
確率推移行列 (probability transition matrix)　52
確率トレンド　115, 117
仮説検定　19
仮想のデータ数 (imaginary number of data)　26
カーネル（核，kernel）　14
完全条件付事後分布　137
完全条件付分布 (full conditional distribution)　56
完全無情報 (complete ignorance)　74
観測方程式 (observation equation)　114
ガンベル (Gumbel) 分布　100
ガンマ分布 (gamma diribution)　28

季節成分　117
季節成分モデル　116
ギッブスサンプリング (Gibbs sampling) 46
逆ウィシャート (inverted Wishart) 分布 39, 40
逆ガンマ (inverted gamma) 分布　34
逆連鎖 (reversed chain)　54
共役 (conjugate)　25
共役事前分布 (conjugate prior distribution)　6, 25
許容性 (admissibility)　16

区間推定 16
グラフィカル法 67
繰返しモンテカルロ法 51
クロネッカー積 142

経験ベイズ 2
ゲヴェキ (Geweke) の判定 67

高確率密度領域 (HPD: highest probability density) 17
更新 (updating) 118
構造変化 116
効用関数 150
個体間モデル (between-subject) 134
個体内モデル (within-subject) 133
固定効果 (fixed effect) 131
コーナー解 (corner solution) 91
個別効果 (individual effect) 131
コレスキー分解 69

サ 行

最小 2 乗推定値 82
最小 2 乗法 (least squares method) 83
最尤推定値 (maximum likelihood estimate) 5
採用確率 64
サベッジ (Savage) 1
散漫事前分布 (diffuse prior) 8, 74

ジェフリーズ事前分布 (Jeffreys' prior distribation) 8
識別性 105
識別性条件 155
時系列データ 114
事後オッズ比 (posterior odds ratio) 73
自己回帰移動平均モデル (ARMA：autoregressive moving average models) 126, 129
自己回帰モデル (AR : auto-regressive) 129
自己共分散 67
事後精度 34
事後分布 (posterior distribution) 6, 13
——の逐次的更新 20
システム方程式 (system equation) 114
事前オッズ比 (prior odds ratio) 73
事前精度 34
事前分布 (prior distribution) 5, 13
GDP 時系列 125
四半期時系列データ 116
時変係数回帰モデル 115
時変パラメータ 115, 116
収束判定法 66
周辺確率 3
周辺事後分布 37
周辺尤度 (marginal likelihood) 73, 75
受容/棄却 (accept/reject) 法 45, 48
シュレイファー (Schlaifer) 1
条件付確率 2
条件付事後分布 37, 125
条件付事前分布 35
条件付独立性 (conditional independence) 12
条件付予測分布 124
状態空間 63
信用区間 (credible interval) 16

推移 (evolution) 118
推移カーネル (transition kernel) 55

正規–逆ウィシャート事前分布 (normal–inverse Wishart prior) 42
正規–逆ガンマ共役事前分布 (normal–inverse gamma conjugate prior) 85
正規–逆ガンマ事前分布 (normal–inverse gamma prior) 35, 37
正規線形回帰モデル 82
正規分布 31
正規方程式 83
制限従属変数 (limited dependent variable) 91
斉時的 (homogeneous) 52

正則事前分布 (proper prior)　74
成分モデル (component model)　117
切断正規分布　110
切断データ (truncated data)　92
漸近理論　19
線形成長モデル (LGM: linear growth model)　115
潜在変数 (latent variable)　91

損失関数　15

タ　行

対数周辺尤度 (log of marginal likelihood)　76
大数の法則 (L.L.N.: law of large numbers)　45, 46
多項式トレンドモデル　115
多項プロビットモデル　105
多項離散選択モデル　103
多項ロジットモデル　109
多変量回帰モデル　142
多変量正規分布　37, 69

チブ (Chib) の方法　77
チューニングパラメータ　64

DIC (deviance information criteria)　72, 79
定常分布 (stationary distribution)　53
点推定　15, 18

動学線形モデル (DLM：dynamic linear models)　113
統計的決定理論　15
統計モデル (statistical model)　13
同時確率　2
同時事後分布　36
同時事前分布　35
同質性 (homogeneity)　131
独立連鎖 M–H アルゴリズム　64
トップコーディング (top coding)　91
トービットモデル (Tobit model)　91
トレース　142

ナ　行

二項プロビットモデル　95, 98
二項分布 (binomial distribution)　22, 26
二項ロジットモデル　100
二値（バイナリー）データ　95

ネイマン–ピアソン (Neyman–Pearson)　1

ハ　行

ハイパーパラメータ (hyper-parameter)　11
パネルデータ　131
反転可能性条件　128

非既約性 (irreducibility)　64
非既約的 (irreducible)　53
非周期性 (aperiodicity)　64
非正則事前分布 (improper prior)　7, 74
標本の精度　34
標本理論　18

vec　143
フィッシャー (Fisher)　1
フィッシャー情報量 (Fisher information)　81
負の二項分布 (negative binomial distribution)　27
不変分布 (invariant distribution)　53
分散学習モデル　123

平滑化　121
ベイズ (Bayes)　1
——の定理 (Bayes theorem)　2, 3
ベイズ情報量規準 (BIC: Bayesian information criteria)　80, 81
ベイズ推定値　16
ベイズファクター (Bayes factor)　73

ベータ分布 (beta distribution) 22
ベルヌーイ試行 (Bernoulli trial) 22
ベルヌーイ分布 (Bernoulli distribution) 22
偏差尺度 (deviation measure) 79

ポアソン分布 (Poisson distribution) 28
ホワイトノイズ (white noise) 127

マ 行

マルコフ連鎖 (Markov chain) 51, 52
マルコフ連鎖モンテカルロ法 (MCMC: Markov chain Monte Carlo) 2, 45

無関係な代替案からの独立 (I.I.A.: independence from irrelevant alternatives) 101
無情報事前分布 (noninformative prior) 6

メディアン (median) 16
メトロポリス–ヘイスティングス (M–H) サンプリング (Metropolis–Hastings sampling) 46, 61

モデル M_j に対する事後確率 72
モデルの識別性 107
モード（最高値，mode） 16
モンテカルロ積分 (Monte Carlo integration) 45, 46
モンテカルロ法 45

ヤ 行

融合度 (shrinkage) 132
有効パラメータ数 79
尤度 (likelihood) 27
尤度関数 (likelihood function) 5
尤度関数カーネル 38
尤度原理 (likelihood principle) 27
尤度比検定 75

予測分布 (predictive distribution) 21

ラ 行

ランダムウォーク (random walk) アルゴリズム 63

離散選択モデル (discrete choice model) 91
離散–連続モデル (discrete–continuous model) 94
リスク 15

著者略歴

照 井 伸 彦（てるい・のぶひこ）

1958 年　宮城県に生まれる
1990 年　東北大学大学院経済学研究科博士課程修了
現　在　東北大学大学院経済学研究科教授
　　　　経済学博士
主要著書『非線形経済時系列分析とその応用』（共著）岩波書店
　　　　『計量ファイナンス分析の基礎』（共著）朝倉書店
　　　　『ベイズモデリングによるマーケティング分析』東京電機大学出版局
　　　　『統計学』（共著）有斐閣
　　　　『マーケティングの統計分析』（共著）朝倉書店
　　　　『ベイズ計量経済学ハンドブック』（監訳）朝倉書店

シリーズ〈統計科学のプラクティス〉2
Rによるベイズ統計分析　　定価はカバーに表示

2010 年 3 月 20 日　初版第 1 刷
2017 年 10 月 25 日　　第 5 刷

著　者　照　井　伸　彦
発行者　朝　倉　誠　造
発行所　株式会社 朝　倉　書　店
東京都新宿区新小川町 6-29
郵 便 番 号　162-8707
電　話　03(3260)0141
FAX　03(3260)0180
http://www.asakura.co.jp

〈検印省略〉

中央印刷・渡辺製本

ISBN 978-4-254-12812-3　C 3341　　Printed in Japan